重庆市骨干高等职业院校建设项目规划教材
重庆水利电力职业技术学院课程改革系列教材

建筑动画设计后期制作

主　编　刘建宇　潘　潺
副主编　张倩文　何发伟
主　审　曾　强

黄河水利出版社
·郑　州·

内 容 提 要

本书是重庆市骨干高等职业院校建设项目规划教材、重庆水利电力职业技术学院课程改革系列教材之一，由骨干建设资金支持，根据高职高专教育建筑动画设计后期制作课程标准及理实一体化教学要求编写完成。本书主要内容包括：建筑动画设计后期制作基础知识，After Effects CS4 作品的制作流程，After Effects 层和关键帧动画，色彩修正，After Effects 中的文字特效动画，After Effects 中的视频特效应用，粒子特效，After Effects CS4 中的转场过渡效果，抠像技巧，油画等特效的制作。

本书可供高职高专院校市政工程、装饰工程、环境艺术、计算机应用技术、软件与信息服务、移动应用开发等专业教学使用，也可供土建类相关专业及建筑工程专业技术人员学习参考。

图书在版编目（CIP）数据

建筑动画设计后期制作/刘建宇，潘潺主编. —郑州：黄河水利出版社，2016. 12

重庆市骨干高等职业院校建设项目规划教材

ISBN 978 - 7 - 5509 - 1669 - 2

Ⅰ. ①建…　Ⅱ. ①刘…②潘…　Ⅲ. ①建筑设计 - 计算机辅助设计 - 三维动画软件 - 高等职业教育 - 教材

Ⅳ. ①TU201. 4

中国版本图书馆 CIP 数据核字（2016）第 319471 号

组稿编辑：王路平　电话：0371-66022212　E-mail：hhslwlp@163. com

出 版 社：黄河水利出版社　网址：www. yrcp. com

地址：河南省郑州市顺河路黄委会综合楼 14 层　邮政编码：450003

发行单位：黄河水利出版社

发行部电话：0371-66026940、66020550、66028024、66022620（传真）

E-mail：hhslcbs@126. com

承印单位：河南省瑞光印务股份有限公司

开本：787 mm×1 092 mm　1/16

印张：11

字数：250 千字　印数：1—600

版次：2016 年 12 月第 1 版　印次：2016 年 12 月第 1 次印刷

定价：26. 00 元

前 言

按照“重庆市骨干高等职业院校建设项目”规划要求，建筑工程管理专业是该项目的重点建设专业之一，由骨干建设资金支持、重庆水利电力职业技术学院负责组织实施。按照子项目建设方案和任务书，通过广泛深入的行业、市场调研，与行业、企业专家共同研讨，不断创新基于职业岗位能力的“项目导向、三层递进、教学做一体化”的人才培养模式，以房地产和建筑行业生产建设一线的主要技术岗位核心能力为主线，兼顾学生职业迁徙和可持续发展需要，构建基于职业岗位能力分析的教学做一体化课程体系，优化课程内容，进行精品资源共享课程与优质核心课程的建设。经过三年的探索和实践，已形成初步建设成果。为了固化骨干建设成果，进一步将其应用到教学之中，最终实现让学生受益，经学院审核，决定正式出版系列课程改革教材，包括优质核心课程和精品资源共享课程等。

After Effects 是由世界著名的图形设计、出版和成像软件设计公司 Adobe Systems Inc. 开发的专业非线性特效合成软件。它是一个灵活的基于层的 2D 和 3D 后期合成软件，包含了上百种特效及预置动画效果，与同为 Adobe 公司出品的 Premiere、Photoshop、Illustrator 等软件可以无缝结合，创建无与伦比的效果。在影像合成、动画、视觉效果、非线性编辑、设计动画样稿、多媒体和网页动画方面都有其发挥余地。

本书主要通过实际项目案例讲解运用 After Effects 软件进行建筑动画后期处理的方法和技巧。本书共分 10 个项目，每个项目有一个或多个任务和实例，对建筑动画设计后期效果进行讲解，让读者全面地掌握建筑动画后期处理的方法，提高专业技能。本书内容丰富，结构清晰，技术参考性强。

本书本着“以应用为目的”的原则，结合高职高专学生的培养目标，以“内容实用，任务典型”为指导思想，力求从实际应用出发，尽量减少枯燥、实用性不强的理论概念，增加应用性和操作性强的内容，从而培养学生的实战能力。本书以项目拆分、项目整合的形式，将项目内容拆分为若干个具有鲜明特点的小任务，并从中分解出完成该项目所需要掌握的知识点，对知识点详细讲解，最后再以这个完整的项目收尾，将前面各个小任务整合。

本书由重庆水利电力职业技术学院承担编写工作，编写人员及编写分工如下：项目一由何发伟编写，项目二、三由刘建宇编写，项目四、七、九、十由潘潺编写，项目五、六、八由张倩文编写。本书由刘建宇、潘潺担任主编，刘建宇负责全书统稿；由张倩文、何发伟担任副主编；由重庆睿意动画设计有限公司技术总监曾强担任主审。

本书的编写出版,得到了重庆水利电力职业技术学院建筑工程系黎洪光主任、吴才轩副主任的大力支持,在此一并表示衷心的感谢!

由于编者水平有限,书中难免存在错漏和不足之处,恳请广大师生及专家、读者批评指正。

编　者
2016 年 8 月

目 录

项目一　建筑动画设计后期制作基础知识

【学习要点】

理解视频格式

了解 After Effects CS4 软件

了解 After Effects CS4 软件界面

正所谓“九层之台,起于垒土;千里之行,始于足下”。在正式进入建筑动画设计后期制作学习之前,首先要对建筑动画设计后期制作的相关知识进行简单的学习,像视频格式、建筑动画前期制作和后期包装等知识是学习建筑动画设计的基础。与此同时,也要大致了解一下 After Effects CS4 软件的相关知识,为后面的学习打下坚实的基础。

任务一　视频格式

所谓视频格式,是指将视频转换为数据文件后存储于计算机中的编码格式,以及将数据文件还原为视频文件的解码格式。下面介绍几种常用的视频格式。

一、MPEG

MPEG 格式是 Motion Picture Experts Group 的缩写。该类格式包括 MPEG－1、MPEG－2和 MPEG－4 等多种视频格式。其中,MPEG－1 最为常用,大部分的 VCD 都是用 MPEG－1 格式的,使用 MPEG－1 压缩算法可以把一部 120 分钟长的电影压缩到 1.2 GB 左右。而 MPEG－2 则应用在 DVD 的制作上,同时在一些 HDTV(高清晰电视广播)和一些高要求视频编辑、处理方面也有相当多的应用。使用 MPEG－2(MPEG－2 的图像质量是 MPEG－1 无法比拟的)压缩算法可将一部 120 分钟长的电影压缩到 5～8 GB 的大小。

二、AVI

AVI 是 Audio Video Interleaved 缩写,即音频视频交错。AVI 是由微软公司发布的视频格式,具有文件调用方便、图像质量好等优点,缺点是文件体积过于庞大。

三、RA/RM/RAM

RM是Real Networks公司所制定的音频/视频压缩规范Real Media中的一种，如Real Player就是利用因特网上的资源对这些符合Real Media技术规范的音频/视频进行实况转播。在Real Media规范中主要包括3类文件：Real Audio、Real Video和Real Flash（Real Networks公司与Macromedia公司合作推出的新一代高压缩比动画格式）。Real Video（RA、RAM）格式一开始就定位在视频流应用方面，也可以说是视频流技术的始创者。它可以用56 KB MODEM拨号上网的条件实现不间断的视频播放，但它的图像质量比VCD差一些，通过RM压缩的影碟，就可以明显对比出来。

四、MOV

使用过Apple Mac（苹果机）的用户应该接触过QuickTime。QuickTime原本是Apple公司用于Mac计算机上的一种图像视频处理软件。QuickTime提供了两种标准图像和数字视频格式，即支持静态的PIC和JPG图像格式，以及动态的Indio压缩法的MOV和MPEG压缩法的MPG视频格式。

五、WMV

一种独立于编码方式的，并且能在因特网上实时传播多媒体的技术标准。微软公司希望用其取代QuickTime之类的技术标准，以及WAV、AVI之类的文件格式。WMV的主要优点在于可扩充的媒体类型、本地或网络回放、可伸缩的媒体类型、注的优先级化、多语言支持和扩展性等。

任务二　After Effects CS4简介

2007年7月，Adobe公司发布的Adobe Creative Suite 3首次把After Effects产品并入Adobe Creative Suite 3系列设计应用软件中，2008年底，Adobe公司又将After Effects CS3升级为After Effects CS4。

一、认识After Effects CS4

After Effects CS4作为一款专业的建筑动画设计后期特效制作软件，经过不断的发展，在众多建筑动画设计后期制作软件中已经独占鳌头。

After Effects可以帮助用户高效、精确地创建精彩的动态图形和视觉效果。After Effects CS4在各个方面都具有优秀的性能，不仅能够广泛支持各种动画的文件格式，还具有优秀的跨平台能力。After Effects版本的升级不仅使其与Adobe公司的其他设计软件更加紧密地配合，同时也增添了很多更加有利于用户创作的功能，其高度灵活的2D与3D合成，以及数百种预设的效果和动画影视制作，使其增添了丰富多彩的效果。After Effects CS4可以直接调用PSD文件的层，同时也与传统的视频编辑软件Premiere具有很好的融合。再加上第三方插件的大力支持，After Effects CS4在建筑动画设计后期制作领域有着不可比拟的优势。与此同时，After Effects CS4 作为一款非常优秀的跨平台后期动画软件，很好地兼容了 Windows 和 Mac OSX（苹果操作系统）两种操作系统，从而便于不同系统用户的协作。

下面，先从软件的欢迎界面和工作界面来直观地认识一下 After Effects CS4，如图 1-1 和图 1-2 所示。

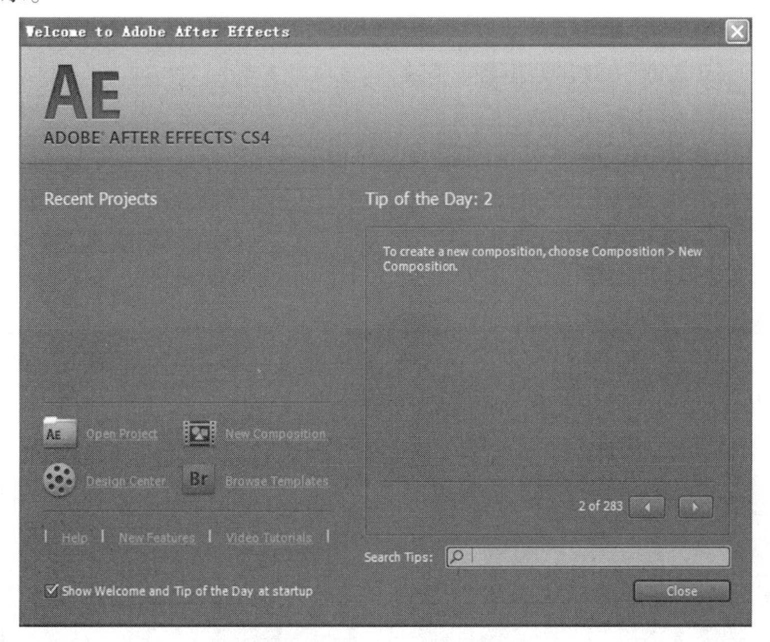

图 1-1　After Effects CS4 欢迎界面

图 1-2　After Effects CS4 工作界面

二、After Effects CS4 的新增功能

（一）Cartoon 特效（卡通特效）

卡通特效能对所应用的素材进行边缘的探测，并将轮廓描画出来，然后对轮廓包围的色块进行分色和色彩的平滑处理。简言之，就是一种卡通的色度。没有过多的参数设置，简单易用。

（二）Bilateral Blur 特效（双边模糊特效）

双边模糊特效（Bilateral Blur）可以有选择地模糊一张图片，使其边缘和其他一些细节得以保存。像素差值大的高对比度区域的模糊效果比低对比度区域弱。Bilateral Blur 特效是非常智能化的模糊特效，它能将颜色区域中的皱褶变平，同时还能保持边缘的锐度。双边模糊特效（Bilateral Blur）的效果与 Adobe Photoshop 中的表面模糊滤镜（Surface Blur）的效果非常相似。

双边模糊特效（Bilateral Blur）和智能模糊特效（Smart Blur）的最主要区别在于双边模糊特效对于边缘和细节部分仍然会产生少量模糊效果。在相同的参数下，双边模糊特效相对于智能模糊特效会显得更柔和、更梦幻。如图 1-3 所示，可以看到，图（a）是使用双边模糊特效前的效果，图（b）则是使用以后的效果。

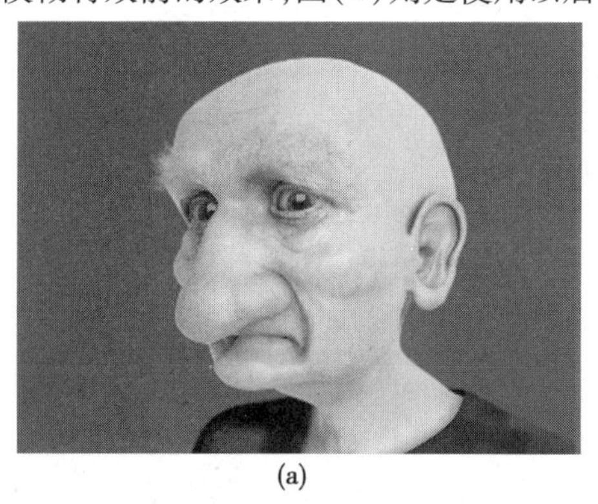
(a)

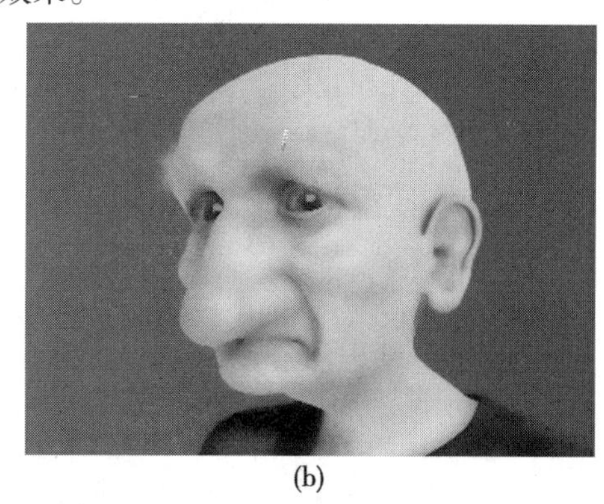
(b)

图 1-3 双边模糊特效

（三）Turbulent Noise 特效

Turbulent Noise 特效（见图 1-4）与现有的 Fractal Noise 特效非常相似，其优点在于它的速度更快、更精确，效果看起来更自然；主要的缺点是不能够循环。

（四）Photoshop 3D Layer（Photoshop 三维图层）

Photoshop CS4 Extended 的功能目前已经相当成熟了，它允许用户不仅能以多种格式读取 3D 模型，进行基本的材质处理和纹理映射，而且还能作为 PSD 文件导出，或被 After Effects CS4 所导入。作为图层的 3D 模型，可以被 After Effects CS4 的 3D 摄像机作用。虽然它和完全的 3D 软件 Maya、3ds max 不一样（甚至和 After Effects 的插件 Waxworks Invigorator Pro 都不同），但毕竟它还是提供了新的，并且比较吸引人的可以替代它们的工作方法，如图 1-5 所示。

（五）Export Comp from After Effects to Flash（导出 Flash 文件）

After Effects CS4 与 Flash 现在相互之间掺合得非常紧密，并且增多了在 Web 格式与

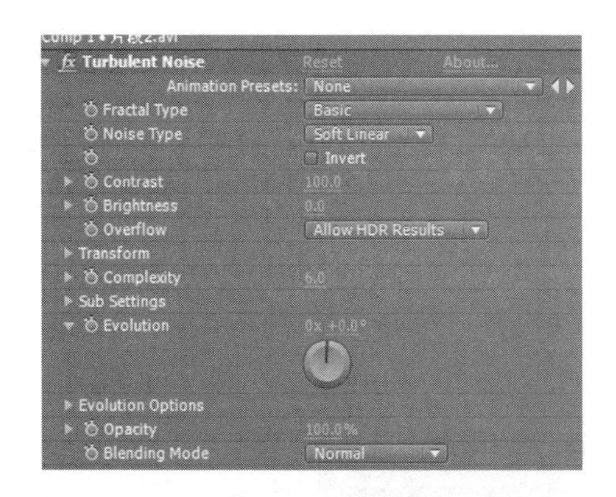

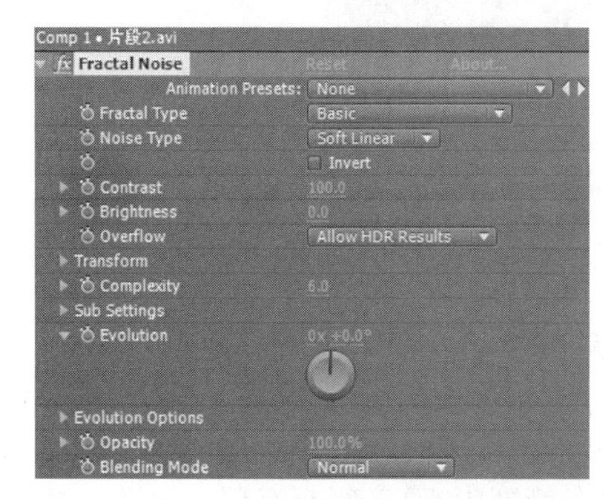

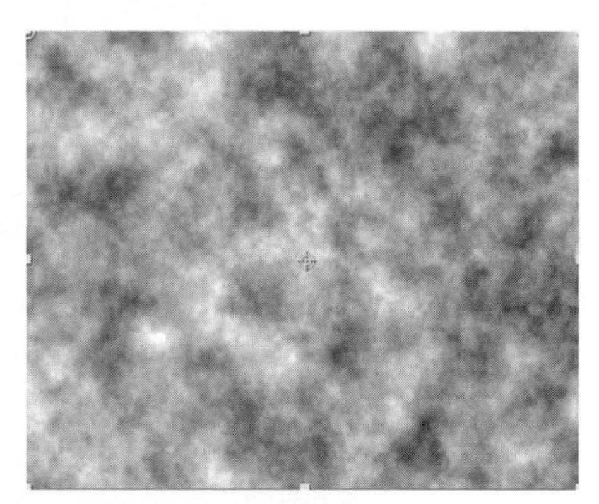

图 1-4 Turbulent Noise 特效与现有的 Fractal Noise 特效

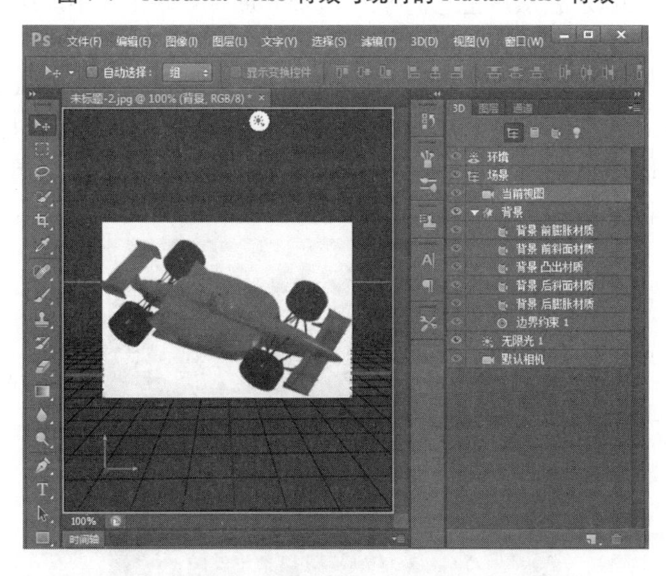

图 1-5 Photoshop 三维图层

广播质量之间的交集。尽管以前它们之间的集成并不多,如在 After Effects 里进行了动画文字或是一些其他的操作,需要导出为 SWF 格式的文件,才能被 Flash 导入。

但在 After Effects CS4 里,用户可以把一个合成以 XFL 格式的文件导出,而 Flash CS4

Professional 可以作为工程打开它。被导入后,其中的每个图层在 Flash 里也是同样的图层和媒体文件。如果在 After Effects 里的文件格式是 PNG、JEPG 和 FLV,那么在 Flash 里也是同样未压缩的同格式的文件。如果是其他不被 Flash 识别的格式的图层,那么它们可以被渲染为 PNG 序列或 FLV 格式(见图 1-6)文件;不过导出时要注意确保开启了 Alpha 通道。

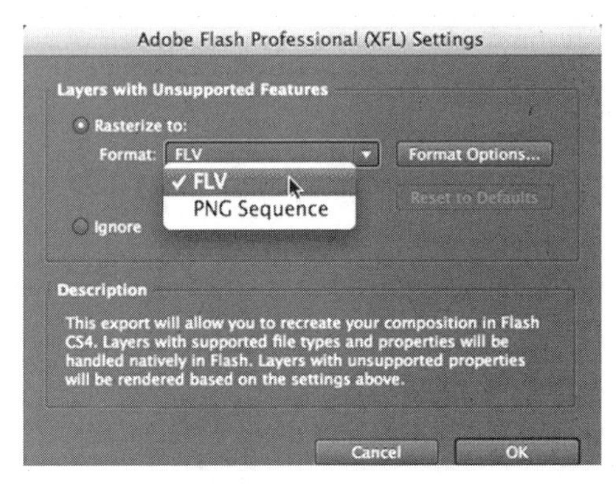

图 1-6　导出 FLV 格式的文件

(六)Mobile Media Support (**手机媒体支持**)

After Effects CS3 的软件中有一个经常被人忽视的公用程序——Adobe Device Central,它可以提供大屏幕手机和其他移动设备的基本模板信息。

在 After Effects CS4 中,Device Central (设备管理中心)变得更有用。选择一组有着各种不同屏幕尺寸的设备,然后把它们导入 After Effects CS4 工程中。Device Central 会自动建立一个包含 Master comp(主窗口显示)的工程,此合成里面有用户所有选定设备,且每个设备会各自产生一个特殊的设备合成。最后,一个特别的 Preview comp(预览窗口)会对应显示设备的结果,以方便对比其中屏幕尺寸和裁切区域。但有个显而易见的缺陷,就是它们的 Render Settings(渲染设置)和 Output Module(输出设置)也同样置于各自的设备信息之中,如图 1-7 所示。

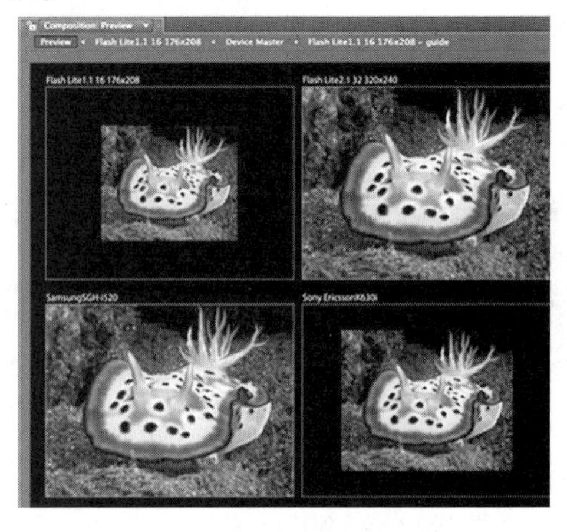

图 1-7　导入手机媒体文件

（七）Separate XYZ Position（分离的 *X*、*Y*、*Z* 轴）

在 After Effects CS4 中有个很新颖的改动，即 *X*、*Y*、*Z* 轴的值是分开的，并且它们有着各自独立的参数，在使用关键帧和 Graph Editor（图形编辑器）上也意味着可以分开操纵了。虽然 *X*、*Y*、*Z* 轴值绑定看起来比较容易使用，只需一个关键帧即可；但是在编辑空间路径，如一些复杂的 3D 运动——摄像机推移，或者弹跳小球动画时，因为参数各自独立，反而使用户在处理速率问题上更加轻松。这样使得不必在 Comp panel（合成影像面板）上编辑运动路径，就可以直接用 Graph Editor。当然并不是所有的 *X*、*Y*、*Z* 参数值都应该各自独立。

（八）其他新增功能

要在很短的篇幅中把 After Effects CS4 新功能完完全全地说明清楚比较困难，这里只把一些主要的功能阐述一下。除此以外，After Effects CS4 的新增功能还有很多，简要列举如下：

（1）一个新的 Unified Camera 工具允许在 Orbit、Track XY、Track Z 之间快速切换，前提是要有三键鼠标。

（2）3DLight 的图标随着 Light 类型的不同而变化。

（3）Shape 图层中新增加一个 Wiggle Transform Operator（随机变换操作），使其在制作一些随机运动上更简单，并且在 Shape 图层内部也有了 blend mode（混合模式）。

（4）可以以纯文本的 XML 格式文件形式存储和读取 After Effects CS4 工程。

（5）增强了多任务平台管理功能。

（6）多了一个用于查找错失的特效快捷键“F”。

（7）支持 P2 和 XDCAM，提升了 HDR Pro EXR 文件的分层处理。

（8）在菜单 Layer→Transform 下多了 Flip Horizontal/Flip Vertical functions（水平/垂直翻转）命令。

（9）Composition 视察的视图控制面板下多了 Center In View 命令。

（10）当分割或复制一个父系图层时，子系图层也会随之被分割或复制。

（11）多一个功能选项，以决定是否可以把文本图层转换为形状图层，或是一个带遮罩的实体层。

（12）能够解译从 Premiere Pro 到 After Effects 的带有 time remapping 的视频（意味着 AE 与 PR 之间也能有时间伸缩参数的修改）。

（13）普通的 16∶9宽屏合成的安全区域还会在中央额外显示一组 4∶3的安全区域线。

（14）深度支持能够交互 Creative Suite 4 各软件的 XMP metadata。

这些新增功能是 Adobe 公司进行了大量的升级工作为更加方便使用而增设的，在工作中要注意应用。

任务三　After Effects CS4 用户界面详解

与 After Effects CS3 相比，After Effects CS4 的用户界面在色调上进行了一些调整，变为看起来更加舒服的深灰色，如图 1-8 所示。下面依次介绍 After Effects CS4 用户界面的组成。

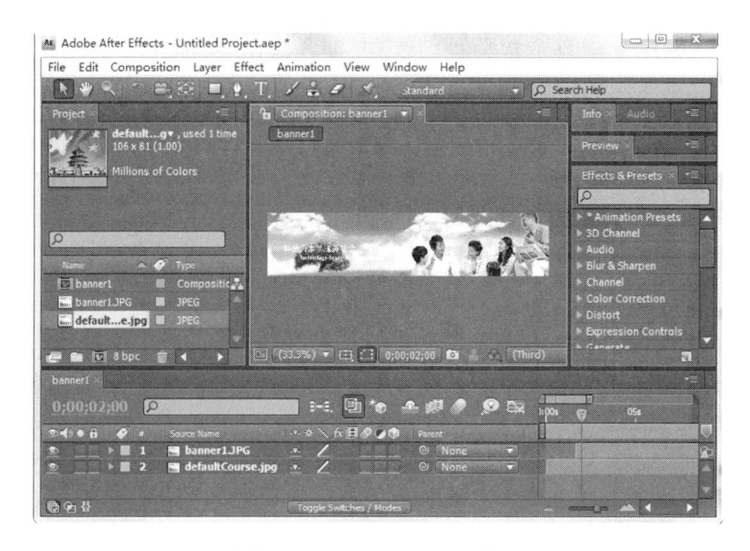

图 1-8 After Effects CS4 用户界面

一、菜单栏

同其他 After Effects 版本一样，After Effects CS4 所有的命令都分布在 9 个菜单中，分别是 File（文件）、Edit（编辑）、Composition（合成影像）、Layer（层）、Effect（特效）、Animation（动画）、View（视图）、Window（窗口）和 Help（帮助）。单击每个菜单，都会出现相应的下拉菜单，部分下拉菜单右侧还有小箭头，说明该菜单还有子菜单。用户只要将鼠标移动至该命令上，将自动弹出子命令。

二、工具栏

After Effects CS4 的工具栏与 After Effects CS3 相比没有太大的区别。如图 1-9 所示，由执行各种功能的工具组成，按照功能不同，划分为 4 个区域，分别用于常规操作、三维应用操作等。右边的 Workspace（工作区）选项可以选择不同的工作区模式，针对不同的工作需要，合理分配视窗位置，从而提高工作效率。

图 1-9 After Effects CS4 工具栏

三、Project（项目）视窗

After Effects CS4 的 Project（项目）视窗是连接外部素材与 After Effects CS4 的重要通道，所有用于合成影像的素材都要先导入 Project 视窗中，用户才可以通过 Project 视窗对导入的素材进行分类，便于工作。单击 Project 视窗素材顶部的标签名称，就可以使素材以当前类型排列。在 Project 视窗顶部有一个预览区域窗口，用来显示当前选中的素材信息。如图 1-10 所示。

在 Project 视窗中可以通过双击空白处或者通过单击鼠标右键，在弹出的快捷菜单中

图 1-10 After Effects CS4 项目视窗

选择“Import”命令来导入素材。这使得工作更加简便,进一步提高了工作效率。

四、Composition(合成影像)视窗

Composition(合成影像)视窗(见图 1-11)主要用于对视频进行可视化编辑,从而对视频所做的所有修改都在该视窗中体现出来,再对所做工作进行预览。此外,Composition(合成影像)视窗也是 After Effects 中一个重要的工作区域,如可以使用工具栏中的工具按钮对视频文件进行直接的编辑。还可以通过 Composition(合成影像)视窗建立视频预览快照,方便于编辑过程中的对比编辑。

图 1-11 After Effects CS4 合成影像视窗

五、Timeline(时间轴)视窗

After Effects CS4 的 Timeline(时间轴,也称时间线)视窗是一个重要的工作窗口,如

图 1-12 所示。所有的制作工作都在这里完成,编辑素材的层顺序、设置关键帧动画、编辑素材的时间及所有特效的添加编辑等。时间轴视窗可以说是 After Effects 的动画工作坊。后面的章节中还要对其进行深入的讲解。

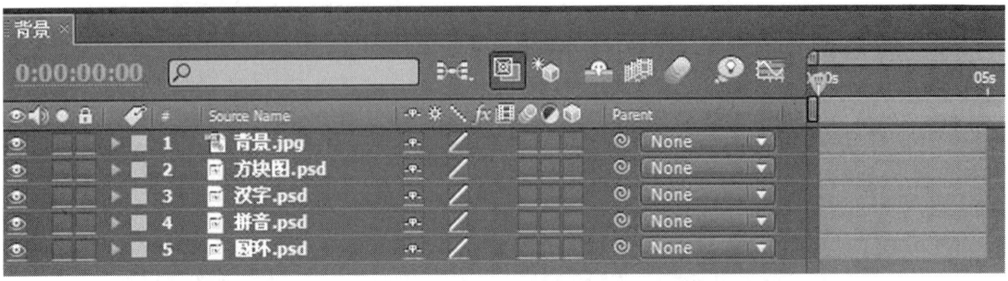

图 1-12 After Effects CS4 时间轴视窗

每一个时间轴视窗都对应一个 Composition(合成影像)视窗,时间轴视窗中的操作比较复杂,也非常重要,对操作的要求也相应地比较高,在学习过程中要特别注意时间轴视窗中的层、遮罩等知识。

六、Flowchart(流程图)视窗

通过 Flowchart(流程图)视窗可以清晰地了解和查看素材之间的关系,如图 1-13 所示,视图中的方向线显示了合成素材的工作流程。

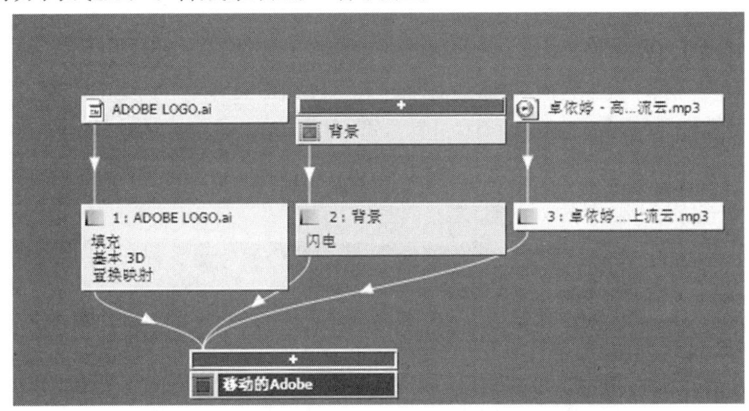

图 1-13 流程图

Flowchart(流程图)视窗只是用来显示合成素材的流程和素材之间的关系,因此不能通过此视窗更改素材之间的关系,也不能在此视窗中添加新的素材。

七、Preview(预览)控制视窗

Preview(预览)控制视窗主要用于控制影像的预览,如图 1-14 所示。在该视窗中包含着播放控制和预览方式选项,选择 RAM Preview Options 方式在内存中预览影像,可以使影像播放更加流畅,但是要保证机器有足够的内存。

八、Info(信息)视窗

Info(信息)视窗主要用于显示色彩信息和鼠标的坐标,如图 1-15 所示。当鼠标在工

作区域移动时,Info(信息)视窗中会实时追踪鼠标的状态,并显示当前位置的色彩信息和位置坐标,即用于定位。

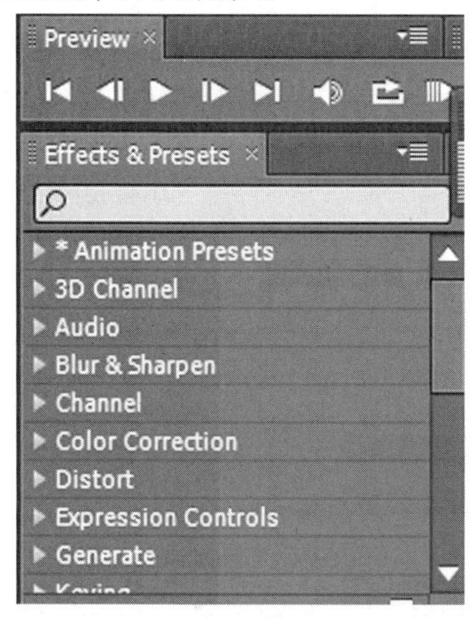

图1-14 After Effects CS4 预览控制视窗

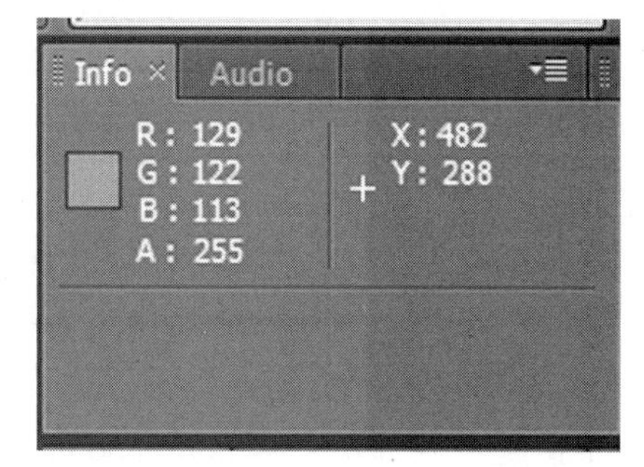

图1-15 After Effects CS4 信息视窗

本项目小结

本项目介绍了建筑动画设计后期制作的基础知识。视频格式和建筑动画设计后期制作的After Effects CS4软件。After Effects CS4用户界面和新增功能。

视频格式对建筑动画设计后期制作的作品质量有很大的影响,常用的AVI、MOV、MPEG格式又有很多视频编码方式。因此,用户在渲染作品时要选择合适的视频编码方式,其选择视频编码方式的原则有3个:一是看画面质量;二是看数据大小;三是看兼容问题。

After Effects CS4与3ds max结合是建筑动画设计后期制作中经常用到的一种方法和技巧。运用3ds max软件进行建模,然后运用After Effects CS4提供的强大的特效来组合这些模型,最后形成为视觉效果良好作品。

习 题

一、填空题

1. 视频格式有__________、__________、__________、__________和WMV等。

2. 在Project项目窗口中导入素材最简单的方法是:__________。

3. Composition(合成视窗)是用于__________。

二、简答题

1. 简述常用的视频格式的特点?

项目二 After Effects CS4 作品的制作流程

【学习要点】

理解和应用新建项目和影像的方法

理解导入素材的方法

熟悉在时间轴上设置基本特效和动画的方法

俗话说:"万事开头难",学习 After Effects CS4 也是一样,在进入正式学习之前,本项目先通过一个简单的实例制作,带学习者浏览 After Effects CS4 制作作品的一般流程,旨在建立一个学习的整体概念。同时,通过本项目的学习,再学习后面的知识就不是那么困难了。

注:新建 Project(项目)是建筑动画设计后期制作的第一步,项目是用于管理素材的容器。新建项目的方法比较简单,并且一个空项目视窗中的元素也较少。

任务一 新建项目

一、从菜单栏新建项目

执行 File(文件)→New(新建)→New Project(新建项目)命令,如图 2-1 所示,可以创建一个新的项目。

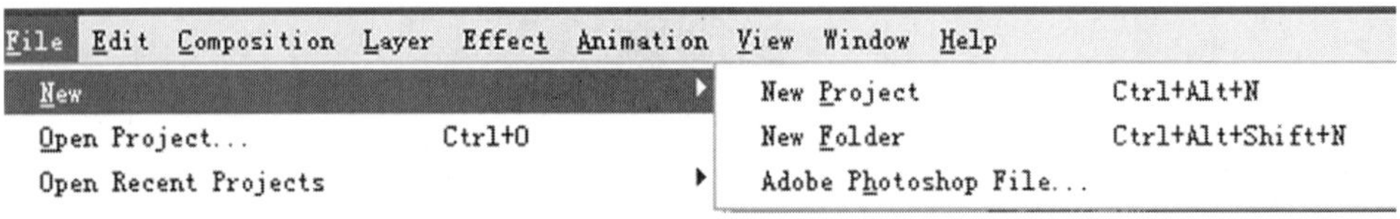

File Edit Composition Layer Effect Animation View Window Help

New ▸ | New Project Ctrl+Alt+N

Open Project... Ctrl+O | New Folder Ctrl+Alt+Shift+N

Open Recent Projects ▸ | Adobe Photoshop File...

图 2-1 新建项目

技巧提示	Ctrl + Alt + N 组合键也可以创建一个新工程。After Effects CS4 中菜单命令后面的组合键为执行的快捷键,有效地应用快捷键可以提高工作效率。

二、认识项目视窗

新建项目的视窗，如图 2-2(a)所示，它包含素材预览区域、素材搜索区域和素材与影像存放窗口 2 个部分。导入素材之后的项目视窗，如图 2-2(b)所示。

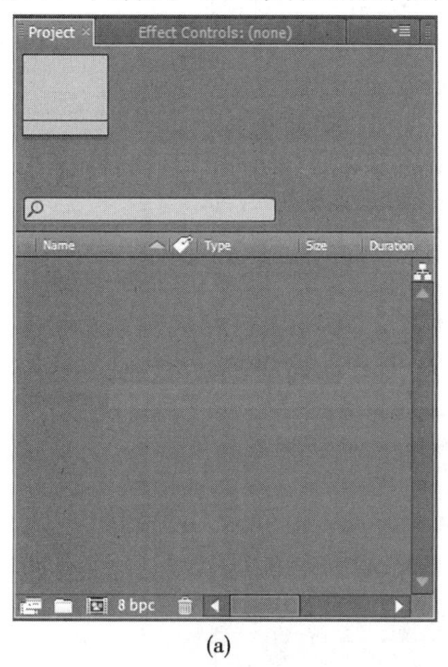

(a)

(b)

图 2-2　项目视窗

素材是构成一部作品的基本元素。AE 认可的素材包括音频、视频、图片、PR 及 PS 文件。图片包括单张和序列；视频包括 AVI 等多种格式，但不包含 VOB；音频包括 WAV 等。

任务二　在项目中新建 Composition(合成影像)

一、新建合成影像

新建合成影像(Composition)有两种方法，一是在 Project 面板中单击 Create a New Composition 按钮；二是选择 Composition/New Composition 菜单命令；三是在面板中单击右键，然后在弹出的菜单中选择 New Composition 命令。

在 Project 视窗空白处单击鼠标右键，执行 New Composition(新建合成影像)命令，建立一个合成影像，如图 2-3 所示。

二、设置合成影像的属性

在选择 New Composition 之后，便弹出设置合成影像的属性窗口，如图 2-4 所示。

设置项目如下：

(1)Composition Name：合成影像名称，用来设置或修改影像合成的名称，尽管可以直接使用默认的名称，但是要尽可能重新设定合适的名称，以便于在生成很多的 Composition

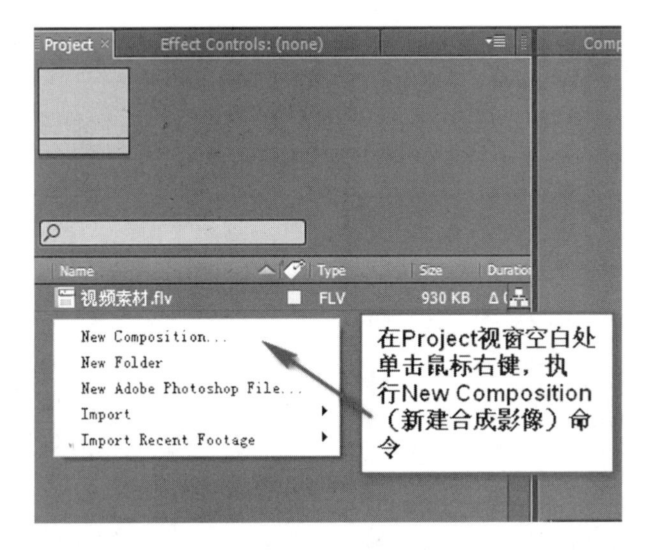

图 2-3　新建合成影像

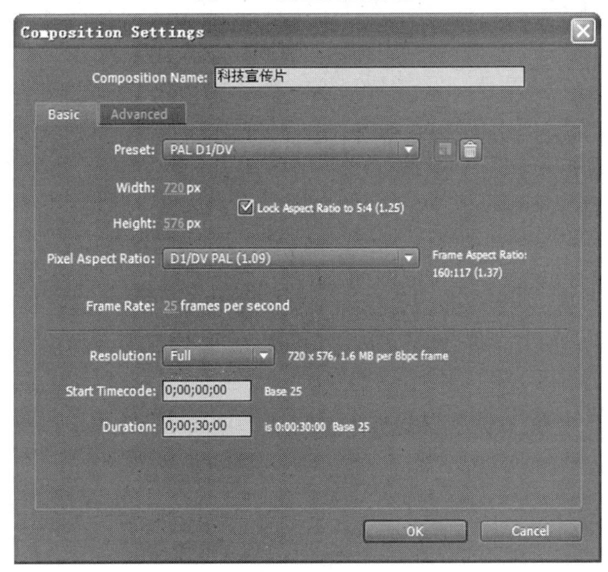

图 2-4　设置合成影像的属性

时容易区分而不至于混淆。这里设为:科技宣传片。

(2)Preset(预设):单击它出现常用格式的下拉菜单,包含常用制式,如果是在我国国内播放的影视作品,那一定要选用 PAL 制式。

影片是由连续的图片组成,每一幅图片就是一帧。PAL 制式是每秒 25 帧图像,NTSC 制式是每秒 29.97 帧图像。PAL 制式因 fps 和帧速率等格式自身的差异而不能与 NTSC 信号规格相互转换。所以,编辑器、监视器等影视制作设备都是分开生产的,通过这些设备进行操作时,为了确保不出问题,就要正确区分 NTSC 和 PAL 制式。这里我们选择 PAL D1/DV。

(3)Width/Height:长度和宽度,这里是以像素为单位来设定上下左右的大小。勾选

Lock Aspect Ratio to 5∶4 (1.25)选项,锁定视频的宽高比。

(4)Pixel Aspect Ratio:像素的纵横比。数字影像一般是用 Square Pixels,这是因为在电脑中像素呈四角形形状。如果所导入素材的纵横比例和在合成当中选择的纵横比例不同,就会出现画面无法填充满监视器屏幕或者超出监视器屏幕的问题。在其下拉列表中选 D1/DV PAL (1.09)项。

(5)Frame Rate:帧速率,它决定每秒播放的画面帧数。例如制作一个 15 秒的作品,将帧速率设置为 1,则每秒显示 1 帧画面,15 秒一共显示 15 帧画面,虽然播放时间仍是 15 秒,但只显示 15 帧画面。这里设置 Frame Rate 为 25 fps。

(6)Resolution:设定分辨率,它控制 Composition 面板中显示画面的精细程度。有 Full(最高分辨率)、Half(1/2)、Third(1/3)、Quarter(1/4)和 Custom(自定义)五个选项。画面质量越低,预算速度越高;画面质量越高,细节越清晰。一般所编辑的文件比较大时,普通机器最好选择低质量的画质进行操作,可以提高工作进度。当然,专业图形图像处理机器或者图形服务器可以忽略这个问题。我们设置为 Full,即全帧渲染模式。

(7)Start Timecode:时间码起点,一般是固定的,Timeline 几乎都是从 0 秒 00 帧开始的。

(8)Duration:设置影片的长度。

设置完成后,单击“OK”按钮,完成属性设置,此时 Project 窗口中出现刚刚新建设置完成的合成影像图标及其信息。如图 2-5 所示。

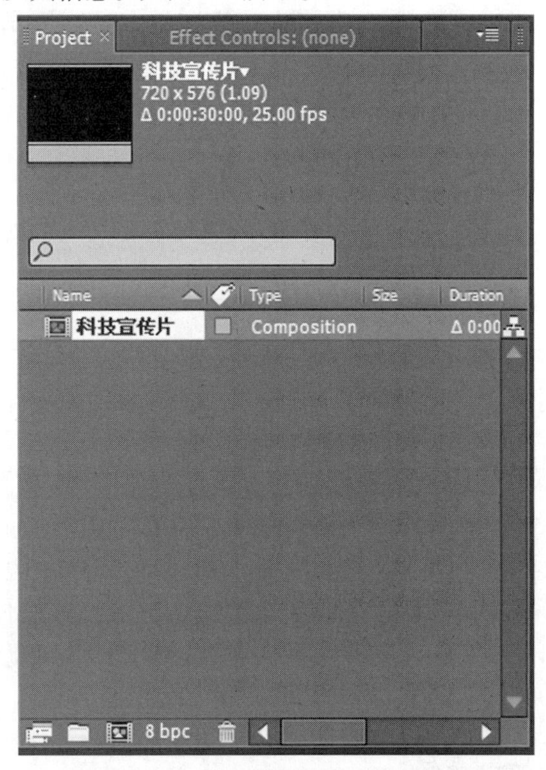

图 2-5　属性设置完成后的 Project 窗口

任务三 在项目中导入素材

一、导入素材的方法

导入素材文件的方法有四种:一是按快捷键 Ctrl + I;二是在 Project 窗口区域内,随意双击左键;三是在菜单中选择 File/Import/File 菜单命令;四是在 Project 面板中单击右键,在弹出的菜单中选择 Import/File 命令。比较这 4 种导入素材文件的方法,不难发现,第二种方法是最简单的。

执行 File→Import → File 命令,如图 2-6 所示。

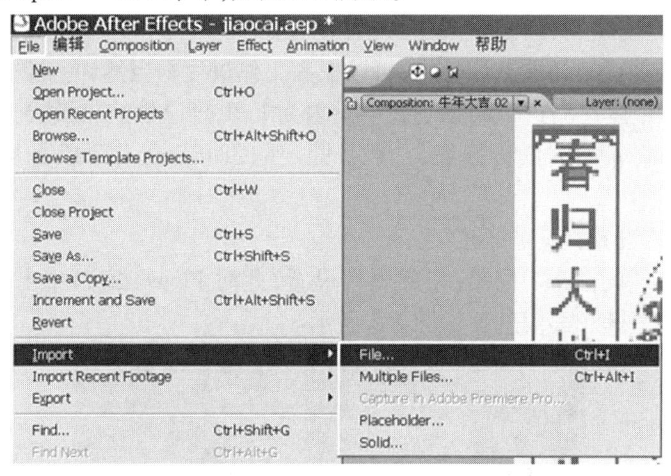

图 2-6 导入素材

在弹出的 Import File(导入文件)对话框中,选取需要导入的素材,然后单击“打开”按钮,即可将所选取的素材导入 Project(项目)窗口中。

二、导入序列素材的方法

序列图像通常是指一系列在画面内容上有连续的单帧图像文件。在以序列图像的方式将其导入时,可以作为一段动态图像素材使用。

After Effects CS4 默认以连续数字序号的文件名作为识别序列图像的标识,在 Import File(导入文件)对话框中导入序列图像时,只需选择序列图像的第一个文件,勾选 Sequence复选框。若只想导入单张或多张图片,则取消勾选。如图 2-7 所示。

在 Project(项目)窗口中双击导入的序列图像素材,可以打开 Footage(素材)预览窗口,通过拖动时间指针或按下键盘上的空格键,预览序列图像中的动态内容。如图 2-8 所示。

三、导入含有图层的素材

AE 作为同属 Adobe 的产品,它可以直接导入 Photoshop 所生成的 PSD 格式文件。当

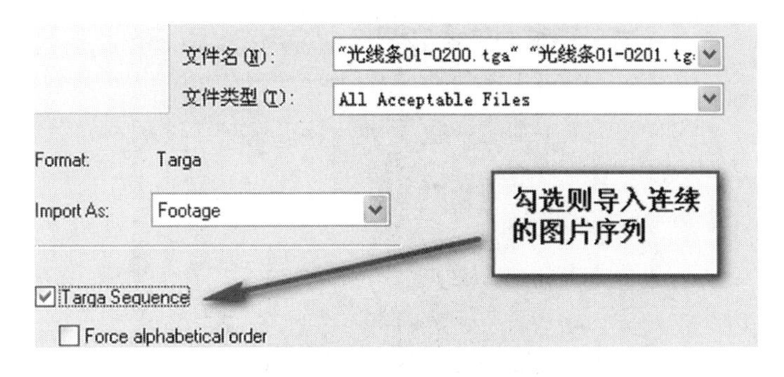

图 2-7　导入序列素材

图 2-8　预览序列图像

选择 PSD 文件时，在导入窗口下方有一个 Import As 选项，单击右边的下拉滑块，会出现三个导入方式。如图 2-9 所示。

图 2-9　导入方式

(1) 如果选择 Footage 方式导入，则会弹出一个新的对话框，如图 2-10 所示。

选择 Merged Layers 选项，则整个 PSD 文件会以合并图层的形式导入到 Project 中，如

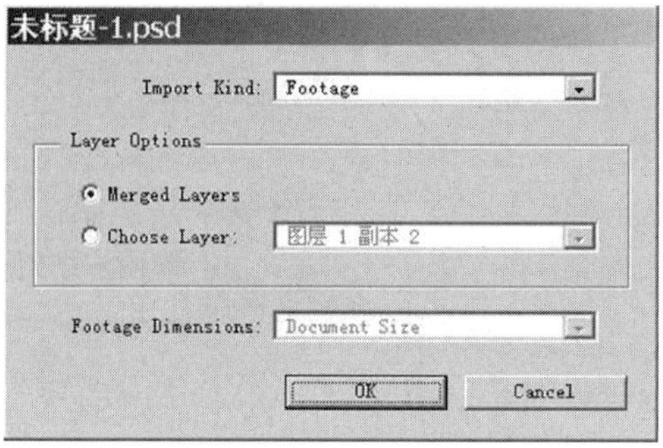

图 2-10 Footage 方式导入

图 2-10 所示,就是以合并图层方式导入。

选择 Choose Layer 则要进一步选择需要导入的具体图层,如图 2-11 所示。

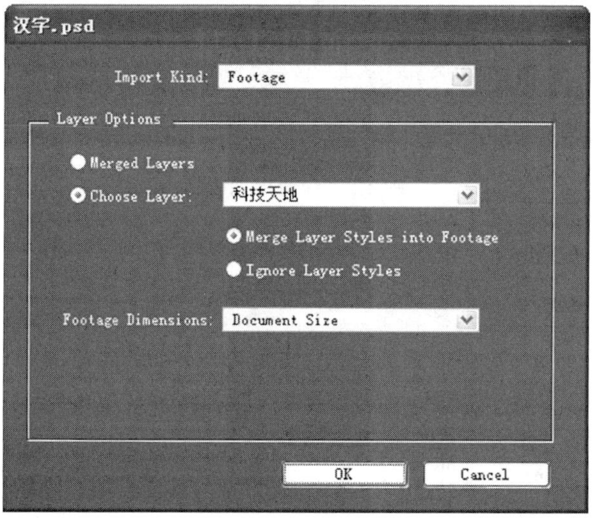

图 2-11 Choose Layer 方式

然后选择需要的层即可,还可以选择 Merge Layer Styles into footage(合并图层样式到素材中)选项,将 PSD 文件中图层的图层样式应用到层中,方便快速渲染,但不能在 AE 中进行编辑,或选择 Ignore Layer Styles(忽略图层样式),忽略 PSD 文件中的图层样式。

(2)如果选择 Composition 方式导入,是将 PSD 文件以分层的方式导入。即原 PSD 文件中有多少层,就分多少层导入。导入后的所有图层都包括在一个跟 PSD 文件相同文件名的文件夹中。同时,系统会自动创建一个同名的合成图标,双击这个合成图标,在“时间轴”面板中可以看到 PSD 文件里所有层在 AE 中同样以图层的方式排列显示,并且可以单独对每个层进行动画操作。

素材导入后,Project 窗口如图 2-12 所示。

四、导入文件夹

在实际工作中,可以将提前编辑好的各种图像文件保存在指定的目录中,通过导入文

图 2-12 素材导入后的 Project 窗口

件夹的方式,直接将素材导入项目窗口中并保存在相同名称的文件夹内,方便规范管理和识别。在打开 Import file(导入文件)对话框后,选取需要导入的文件夹,然后单击对话框下的 Import folder(导入文件夹)按钮即可。

与从文件夹中将图像文件拖入到项目窗口不同,将只包含了图像文件的文件夹整个拖入到项目窗口,可以以该项文件夹中所有的图像文件生成一个序列图像,即使这些图像文件的文件夹没有序列规律,也可以得到序列图像效果。

导入文件夹的另一个方法是,直接将文件夹拖入项目窗口的同时按下 Alt 键,也可以使拖入的文件夹同样生成图像文件夹,而不生成一个序列图像。

任务四 在时间轴上编排素材

将素材加入到时间轴窗口中,通过进行图像层次、时间位置的编排,可以决定影片中各素材内容在播放时出现的先后关系。

一、将素材加入时间轴窗口

将准备好的素材导入 Project(项目)窗口中后,将素材导入时间轴有三种方法:

一是在 Project 面板中用鼠标拖动素材到 Composition 图标上。

二是通过 Composition 预览窗口加载,方法是在 Project 面板里拖动素材到 Composition 预览窗口中即可。如果素材大小和 Composition 设置的尺寸不一样,在拖动的时候不能完全匹配到 Composition 窗口的屏幕,可以在“时间轴”面板中选择素材,然后按 Ctrl + Alt + F 组合键即可解决问题。

三是在 Project 面板中拖动素材到时间轴(Timeline)面板中。

使用上面介绍的三种方法中的任何一种即可完成图层的加载工作，其结果都是一样的。通过 Composition 预览面板和时间轴面板可以确认素材是否已经加载为图层。

除了以上方法，还有一种更快捷的方法，那就是直接利用快捷键加载图层。在 Project（项目）面板中单击想要加载的素材，然后按 Ctrl +/ 键即可完成。

素材加入到时间轴窗口后，每个素材自动新建该素材的图层，并以素材的名字命名图层名。

需要注意的是，直接将素材拖入时间轴窗口的图层列表中创建层时，该图层在时间轴中从 0 秒的位置开始，如果是将素材拖入时间轴区域中，则素材图层将从释放鼠标时所在的位置开始。

二、修改图像素材的默认持续时间

在前面的操作中可以发现，默认情况下，将 Project（项目）中的图像素材加入时间轴窗口中，素材的持续时间将与合成的持续时间保持一致。通过修改系统的基本参数，可以将图像素材加入时间轴窗口中的默认持续时间修改为自定义的长度，方便快速地对同类素材进行持续时间的统一设置。

执行 Edit→Preferences（参数）→Import（导入）命令，在 still Footage（素材持续时间）选项中输入数值，然后单击“OK”，即可完成对素材默认持续时间的设置。如图 2-13 所示。

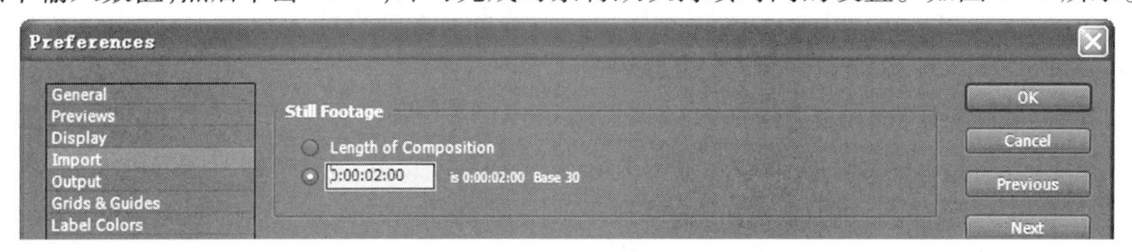

图 2-13　修改素材的默认持续时间

例如：将默认的持续时间调整为 5 秒后，再次将 Project（项目）窗口中的图像素材加入时间轴窗口中，图像素材的持续时间就会默认为 5 秒，如图 2-14 所示。

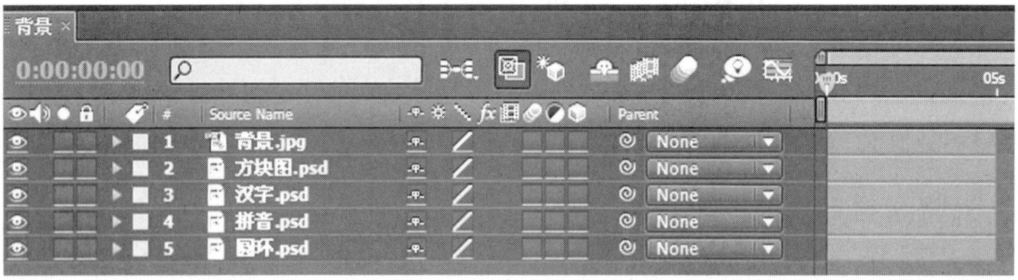

图 2-14　加入时间轴上素材

三、调整入点、出点和持续时间长度

在大部分的编辑中，都需要对时间轴中的部分素材层进行单独的持续时间调整，来得到更精确的时间位置。素材图层在时间轴（Timeline）窗口中的持续时间，就是图层的入点（开始位置）到出点（结束位置）之间的长度。在 Timeline（时间轴）窗口中的素材层上

按住鼠标并左右拖动光标,可以将该素材层的时间位置整体向前或向后移动。如果要修改持续时间的长度,可以直接拖动入点和出点。如图 2-15 所示。

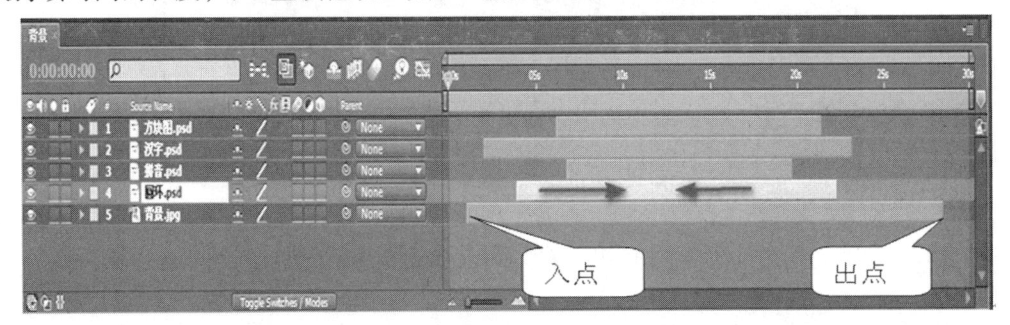

图 2-15　修改持续时间的长度和入点、出点

任务五　在时间轴上赋予特效和动画

下面以一个渐变的文字实例介绍如何设置动画的过程。
如图 2-16 所示。

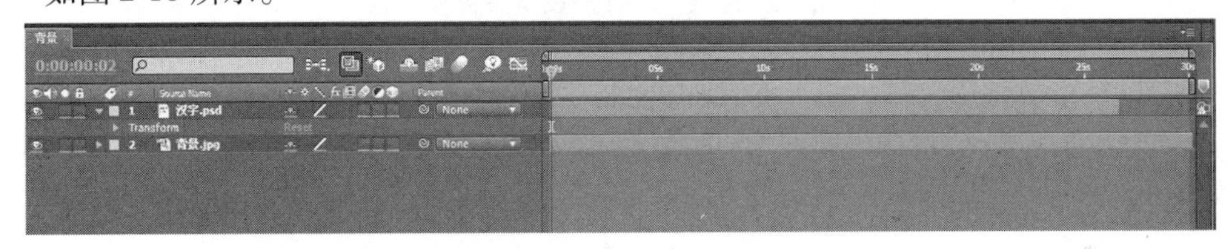

图 2-16　时间轴上的素材

第一步:选择“汉字. psd”层,打开该层的属性。如图 2-17 所示。

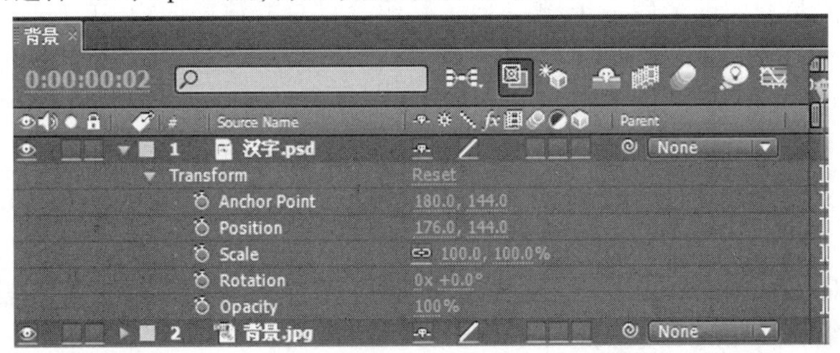

图 2-17　层属性

第二步:在 0 秒处,设置 Opacity(不透明度)为 0%,按下关键帧码。就设置了一个关键帧。如图 2-18 所示。

第三步:在 25 秒处,将设置 Opacity(不透明度)为 100%,按下关键帧码。就设置了一个关键帧。如图 2-19 所示。

同理可以设置其他属性的关键帧值,至此,一个简单动画设计就完成了。

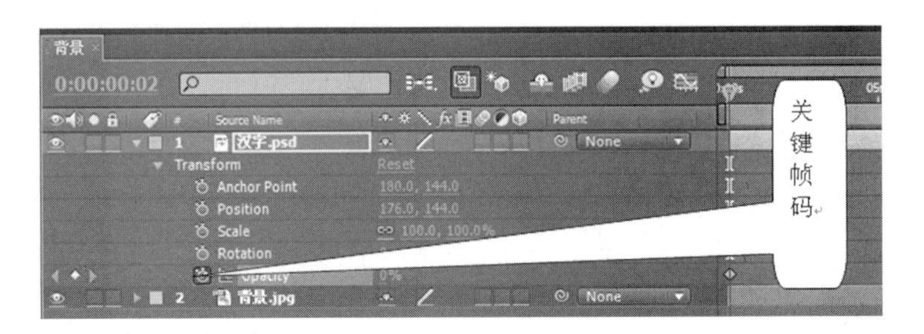

图 2-18　在 0 秒处设置关键帧

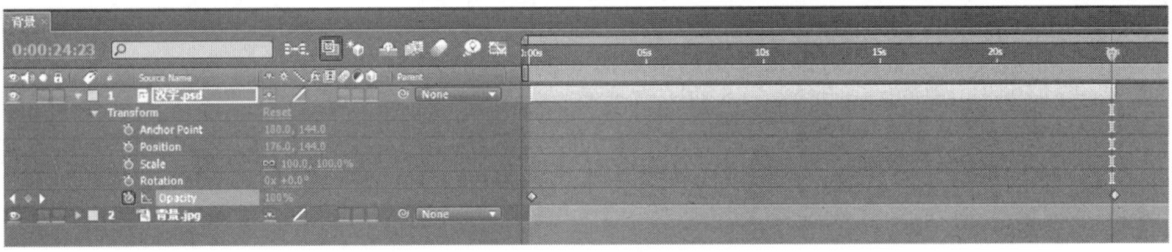

图 2-19　在 25 秒处设置关键帧

设置特效:选择汉字层→打开特效(Effects)菜单→选择一个特效→进行属性设置。

关键帧动画用一句归纳:属性清,位置变,数据差。也就是说,不同属性在不同的关键点数据设置要不同。

任务六　渲染输出

渲染输出是制作的最后一步,按 Ctrl + M 组合键打开渲染面板,单击 Lossless(缺省)按钮,打开 Output Module Settings(输出模块设置)对话框,在这个对话框中可以对视频的输出格式及相应的编码方式、视频大小、比例和音频等进行设置。如图 2-20 所示。

Format:在文件格式下拉列表中可以选择输出格式和输出图片序列,一般使用 TGA 格式的序列文件,输出样片可以使用 AVI 和 MOV 格式,输出贴图可以使用 TIF 和 PIC 格式。

Format Options(格式选项):输出图片序列时,可以选择输出颜色位数;输出影片时,可以设置压缩方式和清晰度来抗锯齿。

按 Ctrl + M 组合键打开渲染窗口,单击 Best Settings,打开 Render Settings 对话框,从中设置抗锯齿,如图 2-21 所示。

最后,单击“Render”完成。

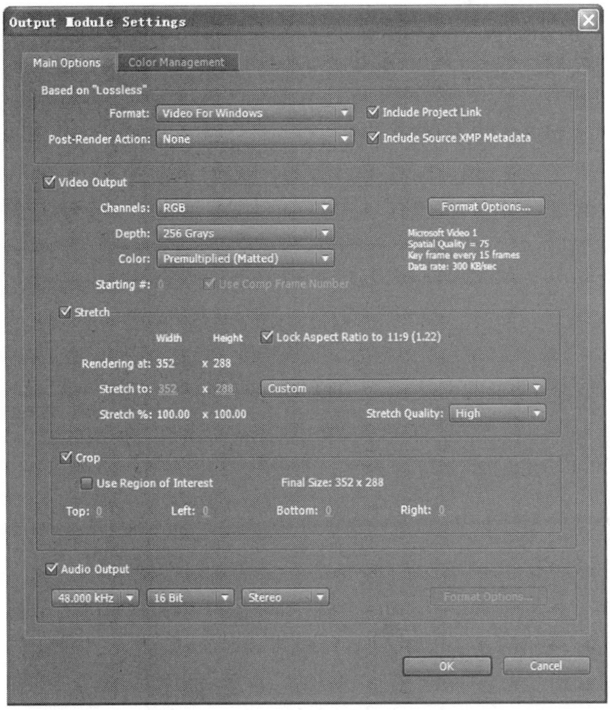

图 2-20　输出模块设置

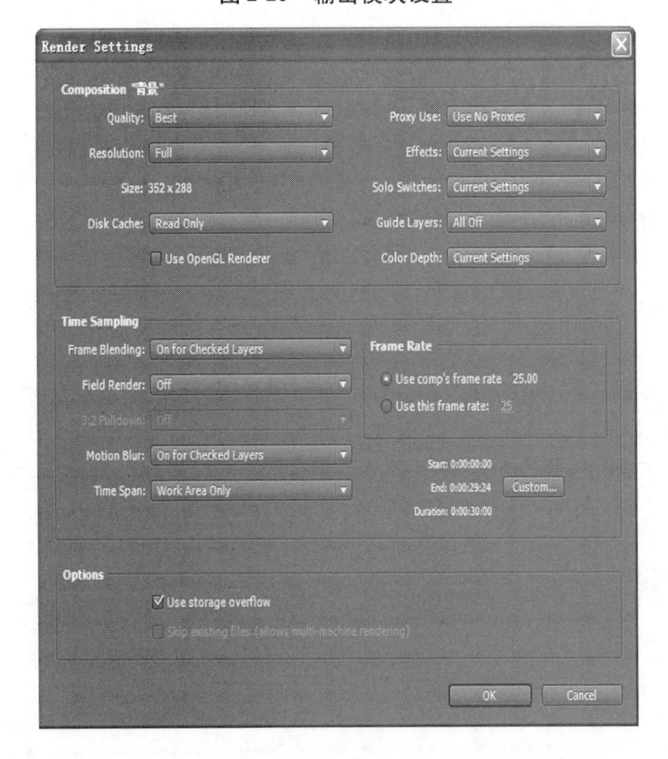

图 2-21　Render Settings 对话框

本项目小结

本项目从新建Project(项目)、新建Composition(合成影像)、导入素材、在时间轴窗口中整合素材和渲染输出5个方面详细介绍了After Effects CS4作品的制作流程,在后面的实例和AE作品制作中都要遵循这一流程。

习　题

一、填空题

1. 执行File(文件)→Import(导入)→File(文件)命令,或按________快捷键,可以打开Import File(导入文件)对话框。

2. 在导入PSD文件时,在Import Kind(导入类型)的下拉列表中,选择________选择项,可以将PSD文件以合成形式导入,文件的每一个层都将成为合成中单独的层,并保持与PSD中相同的图层顺序。

3. 在Composition Settings(合成设置)对话框中,取消对________选项的勾选,可以单独调整合成画面的高度或宽度的数值,而另一个数值保持不变。

4. 素材图层在Timeline(时间轴)窗口中的持续时间,就是图层的________到________之间的长度。

5. 在预览编辑好的影片时,如果想要听到影片中的声音效果,可以单击Preview(预览)面板中的________按钮,通过启用________来实现。

二、选择题

1. 在将文件夹直接拖入Project(项目)窗口的同时按(　　)键,可以使拖入的文件夹同样生成图像文件夹,而不生成一个序列图像。

A. Ctrl　　B. Alt　　C. Shift　　D. Ctrl + Alt

2. 在Composition Settings(合成设置)对话框中修改(　　)数值,可以设置合成项目帧速率。

A. Resolution　　B. Duration　　C. Frame Rate　　D. Start Timecode

3. 在Timeline(时间轴)窗口中选择素材图层后,按键盘上的(　　)键,可以直接将时间指针移到该图层的开始时间位置。

A. B　　B. I　　C. N　　D. O

项目三　After Effects 层和关键帧动画

【学习要点】

理解图层和关键帧的有关概念

理解时间轴窗口相关知识

理解和掌握层叠加和关键帧动画方法

掌握路径动画和关键帧调整的方法

掌握 Mask 和 solid 层的应用

任务一　层的属性

After Effects(AE)的操作绝大部分都是基于层的操作,层是 AE 的基础。所有的素材在编辑时都是以层的方式显示在时间轴窗口中。画面的叠加是层与层之间的叠加,滤镜效果也是施加在层上的,文字、灯光、摄像机等都是以层的方式显示并被操作的。“层”在 AE 中是非常重要的。

层的基本属性有五种,如图 3-1 所示。

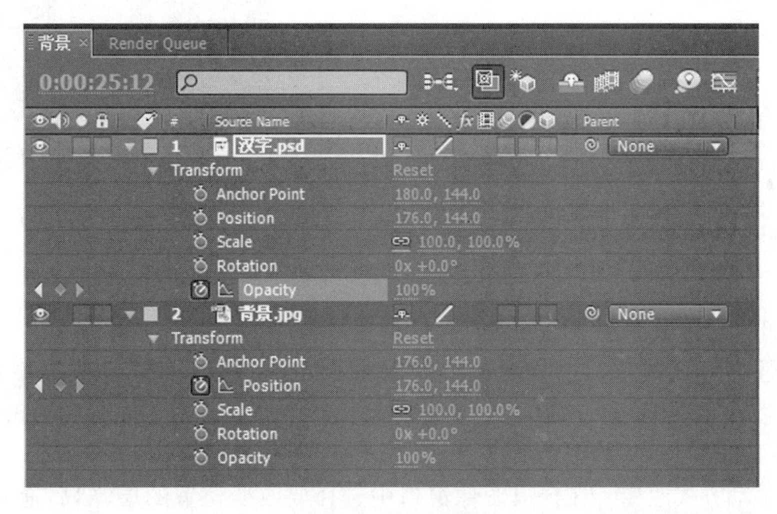

图 3-1　层的属性

一、Anchor Point(轴心点)

AE 中以轴心点为基准进行相关属性的设置。缺省状态下轴心点在对象的中心,随着轴心点的位置不同,对象的运动状态也会发生变化。当轴心点在物体中心时,旋转时物体沿着轴心自转;当轴心点在物体中心点外时,则物体沿着轴心点公转。

(1)以数字方式改变轴心点。

在 Anchor Point 属性上点击鼠标右键,如图 3-2 所示。

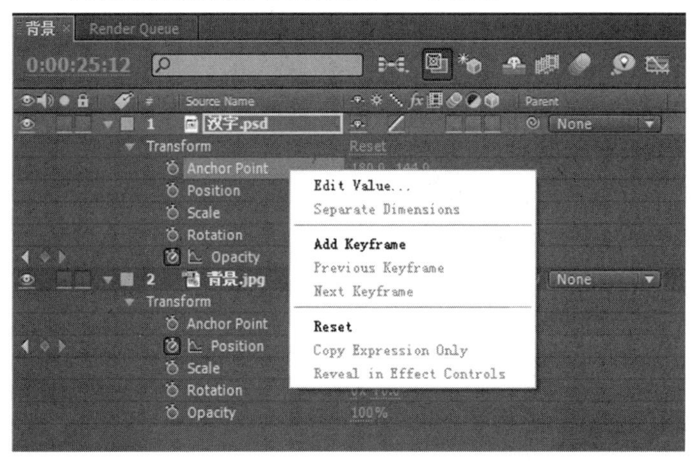

图 3-2 改变轴心点

在弹出的菜单中选 Edit Value,打开轴心点属性对话框,如图 3-3 所示。

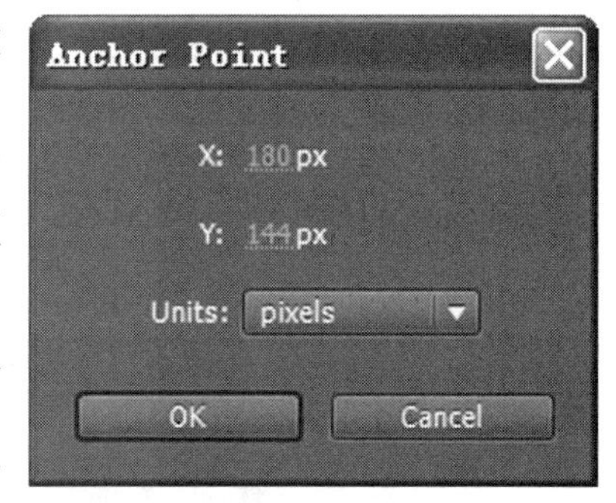

图 3-3 属性对话框

在 Units 下拉菜单中选择计量单位,并输入新的轴心点。若图像为 3D 层的话,还可以显示 Z 轴数值栏,然后点击 OK 即可。

轴心点的坐标相对于层,而不是相对于合成图像窗口。

(2)在合成图像窗口改变对象轴心点。在工具面板中选择轴心点工具,然后点选改变轴心点的对象拖动至新位置即可。

二、Position(位置)

AE 中可以通过数字和手动方式对层的位置进行设置。

(1)以数字方式改变。选择要改变位置的层,在目标时间位置上按 P 键,展开其 Position 属性;在带下划线的参数栏上点击鼠标左键,或按住左键左右拖拉更改数据;也可以通过右键 Edit Value 来修改。

(2)以手动方式改变。在合成图像窗口中选择要改变位置的层,然后拖动至新位置即可。按住键盘上的方向键,以当前缩放率移动一个像素;按住 Shift + 方向键,以当前缩放率移动 10 个像素;按住 Shift 键在合成图像中拖动层,以水平或垂直方向移动;按住

Alt + Shift 键在合成图像中拖动层,使层的边逼近合成图像窗口的框架。

还可以通过移动路径上的关键帧来改变层的位置。选择要修改的对象,显示其运动路径;在合成图像中选中要修改的关键帧,使用选择工具拖动目标位置即可。

三、Scale(比例)

以轴心点为基准,对对象进行缩放,改变其比例尺寸。

可以通过输入数值或拖动对象边框上的句柄对其进行设置,方法与前面类似。当以数字方式改变尺寸时,若输入负值的话能翻转图层。以句柄方式修改的话,确保合成图像窗口菜单中的 View Options 的 Layer Handles 命令处于选定状态。

四、Rotation(旋转)

AE 以对象轴心点为基准,进行旋转设置。可以进行任意角度的旋转。当超过 360 度时,系统以旋转一圈来标记已旋转的角度,如旋转 760 度为 2 圈 40 度,反向旋转表示负的角度。

同样可以通过输入数值或手动进行旋转设置:选择对象按 R 键打开其 Rotation 属性,可以拖拉鼠标左键或修改 Edit Value 改变其参数达到最终效果。

手动旋转对象:工具面板中选择旋转工具,在对象上拖动句柄进行旋转。按住 Shift 拖动鼠标旋转时每次增加 45 度;按住键盘上的 + 或 - 则向前或向后旋转 1 度;按住 Shift 以及 + 或 - 则向前或向后旋转 10 度。

五、Opacity(透明度)

通过不透明度的设置,可以为对象设置透出下一个固态层图像的效果。当数值为 100% 时,图像完全不透明,遮住其下图像;当数值为 0 时,对象完全透明,完全显示其下图像。由于对象的不透明度是给予时间的,所以只能在时间轴窗口中进行设置。

改变对象的透明度是通过改变数值来实现的,按住 T 打开其属性,拖动鼠标或者右键调出 Edit Value 对话框进行设置。

任务二 关键帧及关键动画

一、概念

关键帧动画的概念,来源于早期的卡通动画影片工业,动画设计师在故事脚本的基础上,绘制好动画影片中的关键画面,然后由工作室中的助手来完成关键画面之间连续内容的编制,再将这些连贯起来的画面拍摄成一帧帧的胶片,在放映机上按一定的速度播放出这些连贯的胶片,就形成了动画影片。而这些关键画面的胶片,就称为关键帧。

AE 中的关键帧,即在不同的时间点对层对象(这里的层是指对象放到时间线上后作为层对象)属性进行更改,而时间点的变化由计算机来完成。

关键帧记录器⏱:也称为码表(秒表)。AE 在通常状态下可以对层或其他对象的变换、遮罩效果及时间进行设置。系统对层的设置是应用于整个持续时间的。

如果需要对层进行动画,则打开(也称激活)关键帧记录器,对关键帧的设置进行记录。在时间线的所在位置插入一个新的关键帧标记。取消关键帧记录器,该属性中的所有关键帧丢失。如果关键帧记录器未激活,所设置的参数不会记录。

二、创建关键帧

方法1:当为某一属性激活了关键帧记录器后,在其他时间点上改变属性,AE 自动添加关键帧。

方法2:在 Timeline(时间轴)窗口中选择需要添加关键帧的层,并选中需要关键帧的层属性,该属性的关键帧记录器必须处于激活状态,移动时间标记(也叫时间指针)到需要添加关键帧的时间点上,单击 Timeline(时间线)窗口上 Add or remove keyframe at current time(添加或删除关键帧)按钮。如图3-4 所示。

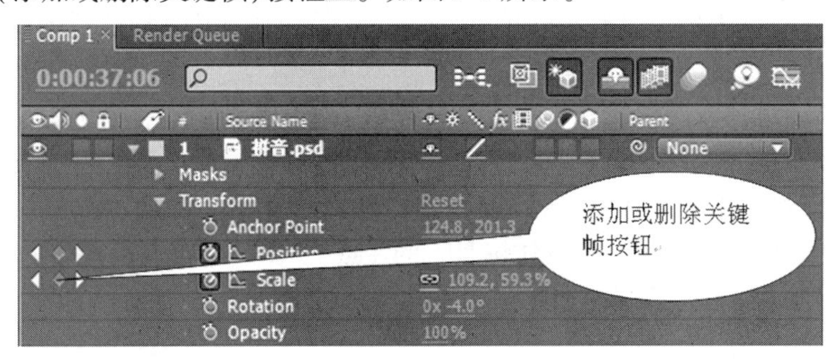

图3-4 添加或删除关键帧按钮

方法3:将时间指针移动到需要添加关键帧的位置,然后在 Composition(合成影像)窗口中改变图层对象在当前创建了关键帧选项的相关属性,也可在该项位置添加一个新关键帧。

方法4:在工具栏中选取下的 Add Vertex tool(添加节点工具),在运动路径中需要添加关键帧的位置单击鼠标左键,也可添加一个新的关键帧。

注意:在为图层添加了多个关键帧以后,为了方便区分与查看,可以单击 Timeline 窗口右上角的选项按钮,在弹出的菜单中选择 Use Keyframe Indices(使用关键帧序号)菜单命令,可以将关键帧图标切换为序号显示。

三、选择关键帧

(1)点选。

(2)配合 Shift 键选择多个关键帧。

(3)单击层的需要选择关键帧的属性名称,该属性中所包含的关键帧都被选中。

(4)框选。

四、移动关键帧

(1)移动一个关键帧。选中关键帧后,手动移动关键帧到目标位置,或先移动时间标记到目标位置,再按住 Shift 键移动关键帧到时间标记处。

(2)移动多个关键帧。框选多个关键帧,拖动。

(3)拉长或缩短一组关键帧的时间间隔。选择多个关键帧,按下 Alt 键左右拖动第一个或最后一个关键帧。

五、复制关键帧

选中关键帧→Ctrl + C→目标位置→Ctrl + V。

六、删除关键帧

方法 1:选中一个或多个关键帧,按 Delete 键。如果删除一个层中的所有关键帧,则选中层名称,按 Delete 键。

方法 2:选中一个或多个关键帧,单击 Timeline(时间线)窗口左侧层结构上 Add or remove keyframe at current time(添加或删除关键帧)按钮。

七、调整关键帧处的值

双击关键帧,弹出如图 3-5 所示对话框。

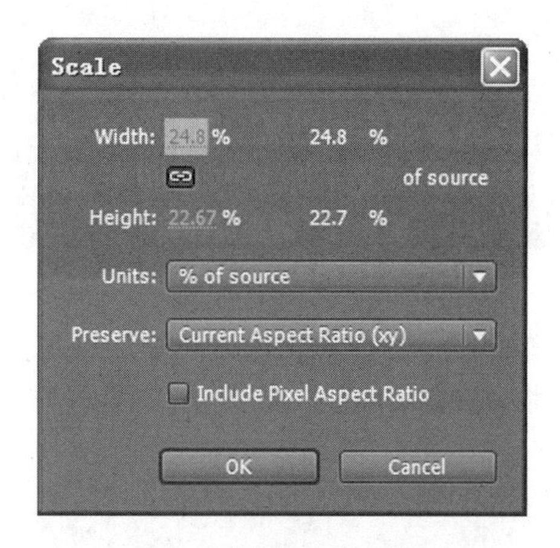

图 3-5 调整关键帧的值

八、调整动画的路径

动画路径的调整方法如下。

方法 1:先选择时间线窗口中的对象,通过在 Composition(合成影像)窗口中拖动关键帧处两边的把柄进行调整,如图 3-6 所示。

方法 2:在时间线窗口中,按下,打开图形编辑器,如图 3-7 所示。其中红线代表 X 轴,蓝线代表 Y 轴。

另外,对于位移动画,还可以设置运动对象的方向随着运动路径方向的进行改变,而自动调整旋转方向来与路径趋向保持一致。选取需要调整运动方向的动画层对象,执行

图 3-6　调整关键帧处两边的运动曲线

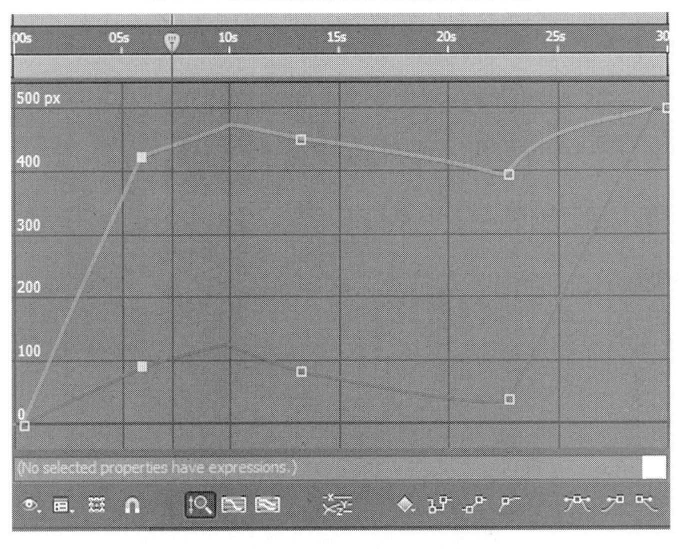

图 3-7　路径调整

Layer(图层)→Transform(变换)→Auto – Orientation(自动转向)命令,在打开的对话框中选择 Orient Along Path(沿路径转向)单选项,如图 3-8 所示。这样图像就会沿着路径方向变化而改变方向。

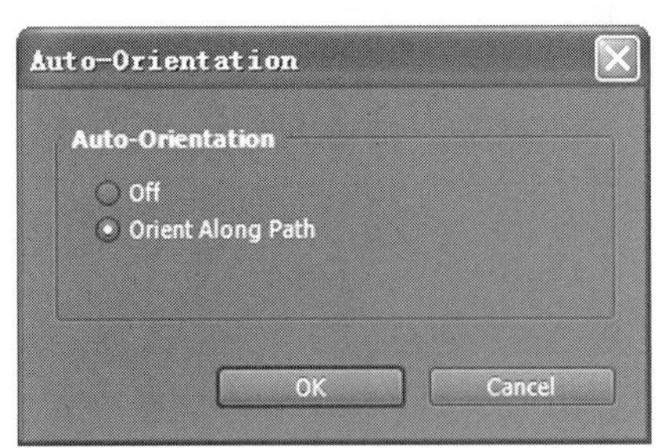

图 3-8　自动转向

九、调整动画的速度

在不改变关键帧属性的情况下,可以通过调整关键帧的时间位置缩短或加长关键帧之间的距离,即可加快或放慢关键帧间的运动速度。如果要调整多关键帧之间的长度,可以框选这些关键帧,然后按住 Alt 键拖动第一个或最后一个关键帧。即可整体改变所选范围内的关键帧间距。

十、调整关键帧之间的连续帧的速度

有些情况下,关键帧之间要求前部分快、后部分慢,解决的方法是可以在这两个关键帧之间再打一个关键帧,使这个关键帧与前一个关键帧距离短,与后一个关键帧距离长。也可以通过调整这两个关键帧之间的速度值来达到要求。

方法是:在图形编辑中,右击弹出对话框,如图 3-9 所示,选择 Edit Speed Graph 进行时间速度编辑。

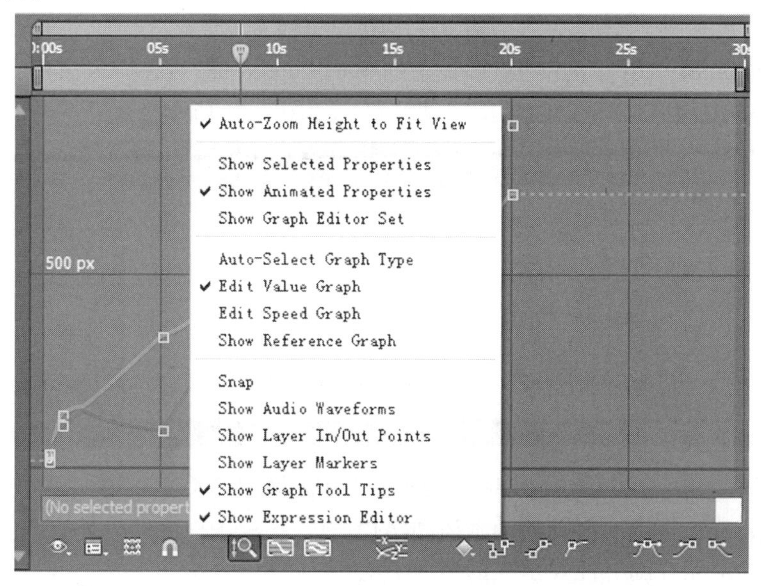

图 3-9 关键帧间速度编辑

十一、运动捕捉

有时在制作动画时,对路径的编辑难以把握,特别是运动路径复杂的时候,如果在合成窗口调整,也很困难。这时 After Effects 为我们提供了运动捕捉功能。

下面通过实例来讲解。

(1)导入素材到时间线窗口,将时间指针移到 0 秒处,在时间线窗口将对象属性打开,按下秒表记录器,对 Position 属性(也可对其他属性)值进行设置。如图 3-10 所示。

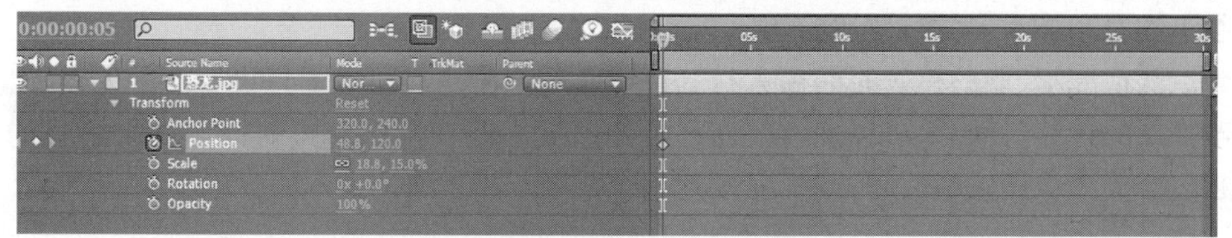

图 3-10 在 0 秒处打一个关键帧

(2)在时间线窗口中选择要捕捉的层。执行 Windows(窗口)→Motion Sketch(运动捕捉)命令,弹出如图 3-11 所示对话框。

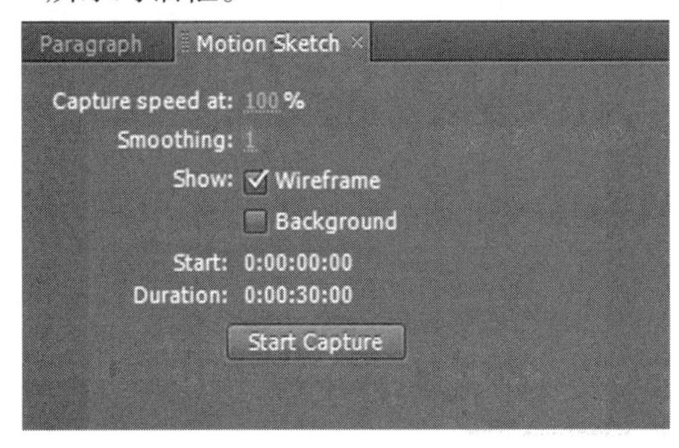

图 3-11　捕捉对话框

单击 Motion Sketch(运动捕捉)面板上的 Start Capture,然后在合成窗口中拖动对象进行运动。这样 AE 会自动记录对象的运动位置。如图 3-12 所示。

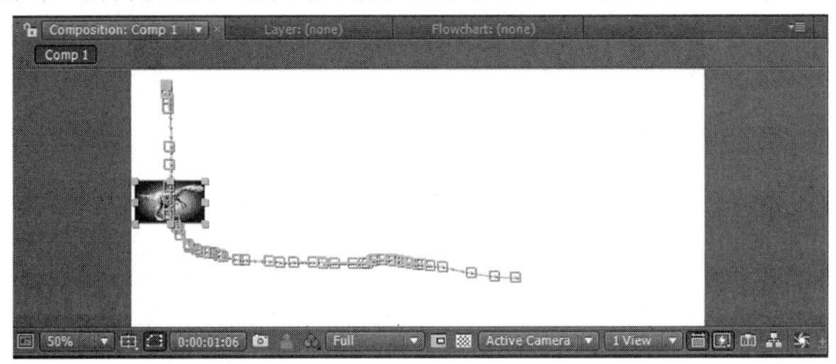

图 3-12　自动捕捉的运动轨迹

至此就完成了整个不规则的动画运动路径。

这在一些对路径随意性要求大的情况下应用。

任务三　层的基本操作

AE 层的基本操作包括层的选择、设置入出点、层的复制、层的分裂、层的自动排序等。

一、层的结构、层在时间线和合成图像窗口中的属性

AE 中层在时间线窗口中按时间顺序进行排列。

在合成图像窗口中,导入层后就可以决定层的时间位置。层导入时的起始位置由时间线上的时间指示器的位置决定。

默认情况下,层的持续时间由素材的持续时间来决定。可以通过设置层的入点、出点来改变层的持续时间,也可以通过改变素材的速度来改变层的持续时间。如果素材的长度超过合成图像设置的时间,则只显示处于合成图像中的素材。

二、选择层

操作层首先要选定目标层。AE 支持用户对层进行单个或多个的选择,被选定的层其

上呈深黑色纹理。

三、设置层入点、出点

双击要修改层的合成图像窗口，就可切换到层的设置窗口。在层的设置窗口中，移动入点和出点的标志到新的入点和出点的位置。

四、层的名称修改

在时间线上修改层的名称，首先在时间轴窗口选中要修改名称的层，然后按下 Enter 键，再输入新的名称即可。

五、层的删除

在时间轴窗口中选择要删除的层，按下 Delete 键即可。

六、层的复制

在时间轴窗口中选择要复制的层，按下 Ctrl + D 键即可。

七、层的分裂

按住 Shift + Ctrl + D 键，可以将时间轴上选中的素材在当前时间游标处截为两部分。这样的操作可以保留被剪辑的两个部分，继续进行处理。

八、层的精确对位

在时间轴窗口中，将素材精确地放到某个时间处，一般是用素材的入点进行时间对位。按住 Shift 键，在时间线窗口中拖曳层进行移动，会强制层的起点和当前时间标志与另一层的入点和出点对齐。按住 Ctrl + G 键，将弹出 Go To Time 对话框，输入时间数值就可精确对位。

九、层的替换

在时间轴窗口中选择要替换的层，按住 Alt 键，在项目窗口中，选择另一个素材到要替换的层的位置。

十、层的自动排序

在进行后期剪辑的过程中，很多时候需要将大量的素材进行首尾相连，如果采取人工的方式无疑是一件十分麻烦的工作，需要一直不停地将层的首尾位置进行移动，如果需要对素材进行转场特效化，更是给操作带来巨大的麻烦，而在 After Effects 中提供了十分智能的 Sequence Layers 操作来对层进行自动排序，下面我们就来介绍一下如何具体进行操作。全选图层，选择菜单 Animation→Keyframe Assistant→Sequence Layers 命令，打开 Sequence Layers（自动排序层）对话框，如果不需要层与层之间有重叠的转场特效，可直接点击“OK”。

上面的操作默认层从上到下排序,如果想手动选择层的先后顺序,可先选中需要让它位于最前面的层,按住 Ctrl,再按排列顺序依次点选层,即可完成手动选择排序。例如,先选中第 4 层,然后一次选第 3、5、1、2 层,即可完成。

十一、层模式

层模式的主要类型如下:

(1)Normal(正常模式)。当不透明度设置为 100% 时,此合成模式将根据 Alpha 通道正常显示当前层,并且层的显示不受其他层的影响;当不透明度设置小于 100% 时,当前层的每一个像素点的颜色将受到其他层的影响,根据当前的不透明度值和其他层的色彩来确定显示的颜色。

(2)Dissolve(溶解模式)。该合成模式将控制层与层间的融合显示。因此,该模式对于有羽化边界的层起到较大的影响。如果当前层没有遮罩羽化边界或该层设定为完全不透明,则该模式几乎不起作用。所以,该模式最终效果受到当前层的 Alpha 通道的羽化程度和不透明度的影响。

(3)Dacing Dissolve(动态溶解模式)。该模式和 Dissolve 相同,但它对融合区域进行了随机动画。

(4)Darken(变暗模式)。用于查看每个通道中的颜色信息,并选择基色或混合色中较暗的颜色作为结果色。

(5)Lighten(变亮模式)。与 Darken 相反,用于查看每个通道中的颜色信息,并选择基色或混合色中较为明亮的颜色作为结果色。比混合色暗的像素被替换,较亮的则保持不变。

(6)Multiply(正片叠底模式)。一种减色混合模式,将基色与混合色相乘,形成一种光线透过两张叠加在一起的幻灯片效果,结果呈现出一种较暗的效果。任何颜色与黑色相乘产生黑色,与白色相乘则保持不变。

(7)Screen(屏幕模式)。一种加色混合模式,将混合色和基色相乘,呈现出一种较亮的效果。该模式与 Multiply 模式相反。

(8)Linear Burn(线性加深)。用于查看每个通道中的颜色信息,并通过减小亮度使基色变暗变亮以反映混和色。与黑色混合则不变化。

(9)Linear Doge(线性减淡)。用于查看每个通道中的颜色信息,并通过增加亮度使基色变亮以反映混合色。与黑色混合不发生任何变化。

(10)Color Burn(颜色加深模式)。通过增加对比度使基色变暗以反映混合色,若混合色为白色则不发生变化。

(11)Color Doge(颜色减淡模式)。通过减小对比度使基色变亮以反映混合色,若混合色为白色则不发生变化。

(12)Classic Color Burn(典型颜色加深模式)。通过增加对比度使基色变暗以反映混合色,优化于 Color Burn 模式。

(13)Classic Color Doge(典型颜色减淡模式)。通过减小对比度使基色变亮以反映混合色,优化于 Color Doge 模式。

(14) Add (加模式)。将基色与混合色相加,得到更为明亮的颜色。混合色为纯黑或纯白时不发生变化。

(15) Overlay(叠加模式)。复合或过滤颜色 ,具体取决于基色。颜色在现有的像素上叠加,同时保留基色的明暗对比。不替换颜色,但是基色与混合色相混以反映原色的亮度或暗度。该模式对于中间色调影响较明显,对于高亮度区域和暗调区域影响不大。

(16) Soft Light (柔光模式)。使颜色变亮或变暗,具体取决于混合色。此效果与发散的聚光灯照在图像上相似。若混合色比 50% 灰色亮,则图像就变亮,好比被减淡了一样;若比 50% 灰色暗,则图像变暗,就像被加深了一样。用纯黑或纯白色绘画产生明显较暗或较亮的区域,但不会产生纯黑或纯白色。

(17) Hard Light (强光模式)。符合或过滤颜色,具体取决于混合色。与耀眼的聚光灯照在图像上相似。若混合色比 50% 灰色亮,则图像就变亮,像过滤后的效果,这对于向图像中添加高光非常有用;若混合色比 50% 灰色暗,则图像就变暗,就像复合后的效果,有利于向图像中添加暗调。用纯黑或纯白色绘画会产生纯黑或纯白色。

(18) Linear Light (线性光)。通过减小或增加亮度来加深或减淡颜色,具体取决于混合色。若混合色比 50% 灰色亮,则通过增加亮度使图像变亮;混合色比 50% 灰色暗,则通过减小亮度使图像变暗。

(19) Vivid Light (亮光)。通过减小或增加亮度来加深或减淡颜色,具体取决于混合色。若混合色比 50% 灰色亮,则通过减小对比度使图像变亮;若混合色比 50% 灰色暗,则通过增加对比度使图像变暗。

(20) Pin Light (点光)。替换颜色,具体取决于混合色。若混合色比 50% 灰色亮,则替换比混合色暗的像素而不改变比混合色亮的像素;若混合色比 50% 灰色暗,则替换比混合色亮的像素而不改变比混合色暗的像素,这向图像中添加特效时非常有用。

(21) Difference (差值)。从基色中减去混合色,或从混合色中减去基色具体取决于哪个颜色的亮度更大。与白色混合将翻转基色值;与黑色混合则不产生变化。

(22) Classic Difference (典型差值)。从基色中减去混合色,或从混合色中减去基色,优于 Difference 模式。

(23) Exclusion(排除)。创建一种比差值模式相似但对比度更低的效果。与白色混合将翻转基色值;与黑色混合则不产生变化。

(24) Hue(色相)。用基色的亮度和饱和度以及混合色的色相创建结果色。

(25) Saturation(饱和度)。用基色的亮度和色相以及混合色的饱和度创建结果色。在无饱和度(灰色)的区域上用此模式绘画不会产生变化。

(26) Color(颜色)。用基色的亮度以及混合色的色相和饱和度创建结果色,这样可以保留图像中的灰阶,并且对于给单色图像上色和给彩色图像着色都非常有用。

(27) Luminosity (亮度)。用基色的色相和饱和度以及混合色的亮度创建结果色,效果与 Color 模式相反。该模式是除 Normal 外唯一能够完全消除纹理背景干扰的模式。

上述的层模式,通过混合色和基色的颜色通道影响而进行混色变化。AE 中还可以通过 Alpha 通道影响混合色变化。

(1) Stencil Alpha (Alpha 通道模板)。该模式可以穿过 Stencil 层的 Alpha 通道显示

多个层。

(2)Stencil Luma(Alpha 通道模板)。该模式可以穿过 Stencil 层的像素显示多个层。当使用此模式时,层中较暗的像素。

(3)Silhouette Luma (亮度轮廓)。该模式可以通过层上的像素的亮度在几层间切出一个洞,使用此模式,层中较亮的像素比较暗的像素透明。

(4)Silhouette Alpha(Alpha 通道轮廓)。该模式可以通过层的 Alpha 通道在几层间切出一个洞。

(5)Alpha Add (Alpha 添加)。底层与目标层的 Alpha Channels 共同建立一个无痕迹的透明区域。

(6)Luminescent Premul (冷光模式)。该模式可以将层的透明区域像素和底层作用,赋予 Alpha 通道边缘透镜和光亮的效果。

十二、层动画

对于二维动画而言,Transform 的五个基本属性可以涵盖大部分的层动画形式。

在属性设置中,直接打开关键帧的记录器在变化处记录关键帧,即可以为层设置动画效果。动画效果会在合成图像窗口中以路径的形式进行移动。如图 3-13 所示。

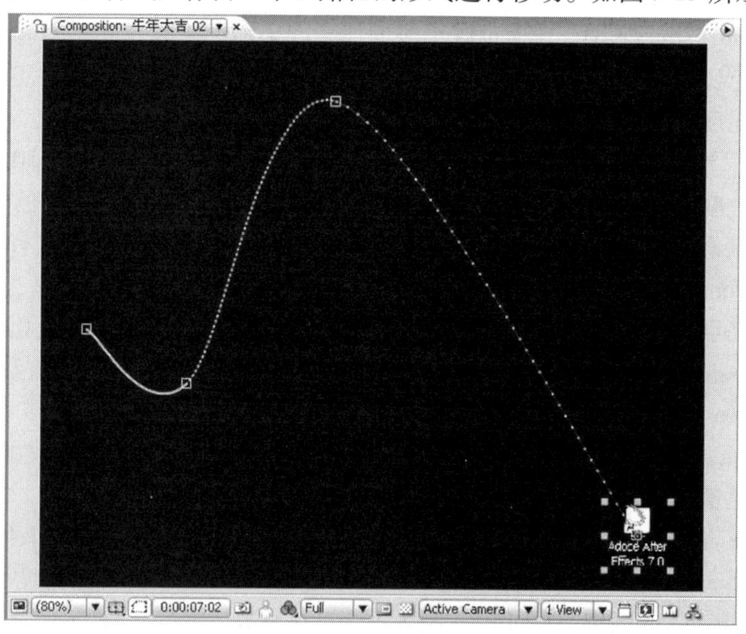

图 3-13 设置动画效果

运动路径以一系列的点来表示,点越少表示层速度越快;点越多则移动速度越慢。单击合成图像右上方的小三角按钮,在弹出菜单中取消选择 Layer Path,可以隐藏路径运动;若要隐藏运动路径的关键帧,同样点小三角,在弹出菜单中取消选择 Layer Keyframes。

在运动路径上新增关键帧:时间线窗口中,将时间指示器移动至要增加关键帧的位置,在合成图像窗口中则移动层,然后显示其移动路径,在工具面板中选择加点工具来添加关键帧。

移动整个路径:时间轴窗口中,选择运动路径上所有关键帧,在合成图像窗口中拖动一个关键帧,该关键帧所在属性的整个路径都会移动。

AE 中可以在沿路径运动过程中使用 Auto Orient(自动定向)使物体在路径上自动改变方向,使层的操作垂直于路径而不是垂直于页面,以达到更真实的效果。

选择对象,然后在菜单命令中选择 Layer/Transform/Auto Orient,在弹出的对话框中选择 Orient Along Path 即可。效果如图 3-14 所示。

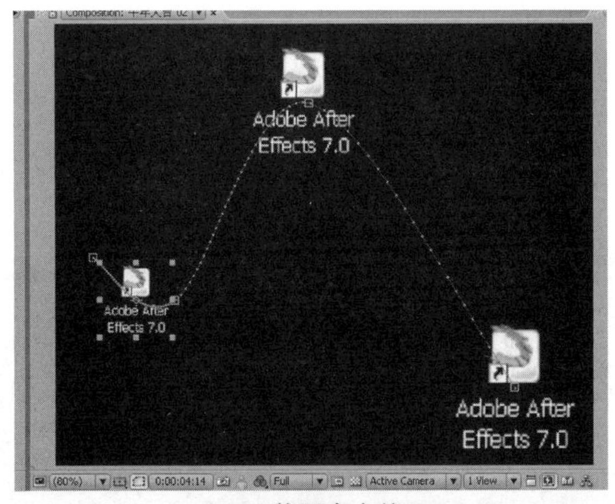

(a) 使用命令前

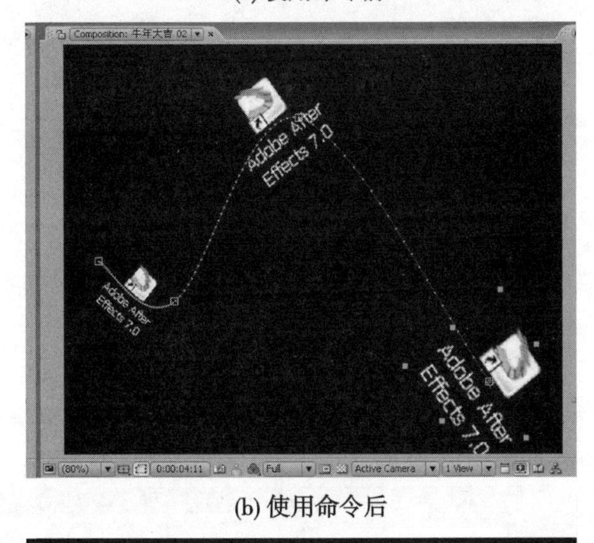

(b) 使用命令后

图 3-14　使用自动定向效果

十三、层特效

层特效就是我们常说的滤镜。滤镜的具体内容很多,在以后章节中,我们将详细说明。

任务四　综合实例

实例:制作飞舞的蜜蜂动画效果。

一、实例分析

本实例的关键是设置不同时点的位置的参数值和缩放的参数值。

二、制作步骤

第一步,选择菜单栏中的 Composition、New Composition 对话框,设置合成的名字为“蜜蜂飞舞动画”,合成的宽为 720 px,高为 576 px,帧率为 25,合成时间为 0:00:04:00,背景颜色为黑色。如图 3-15 所示。

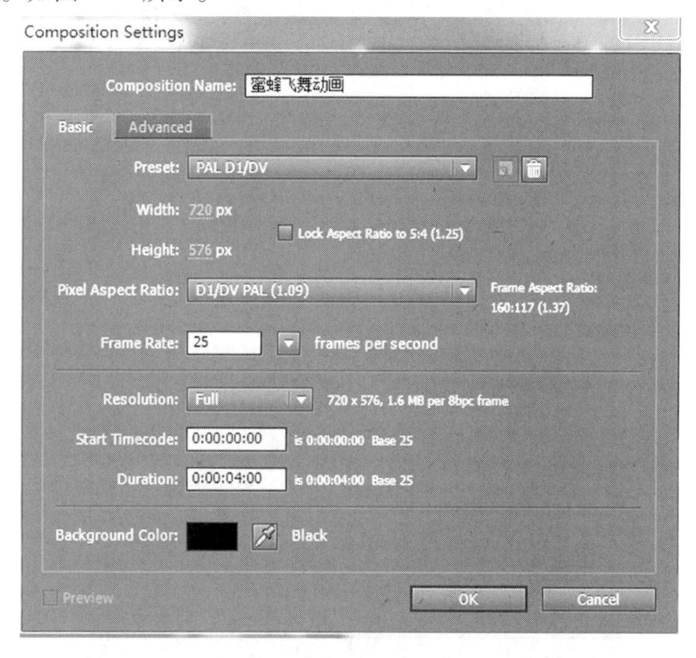

图 3-15　设置属性

第二步,导入素材图片“花朵. jpg”和“蜜蜂. jpg”,分别将其拖至合成窗口的下方。蜜蜂层在花朵层的上方。如图 3-16 所示。

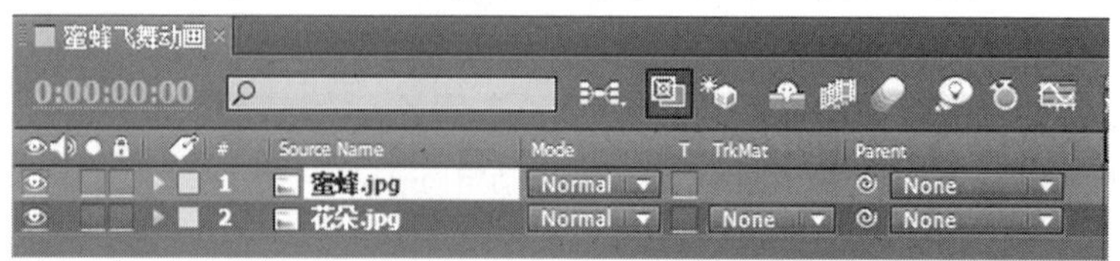

图 3-16　导入素材

此时可以在合成窗口中看到效果,如图 3-17 所示。

第三步,设置对象的特效。关于特效在以后项目里介绍,这时不作处理。

图 3-17 合成窗口

第四步,确认蜜蜂层选中的情况下,在 Mode 下方将蜜蜂层的叠加模式改为 Darken,按 S 键,展开缩放参数对话框,设置缩放比例为 15.0%。在合成窗口可以看到设置后的效果。如图 3-18 所示。

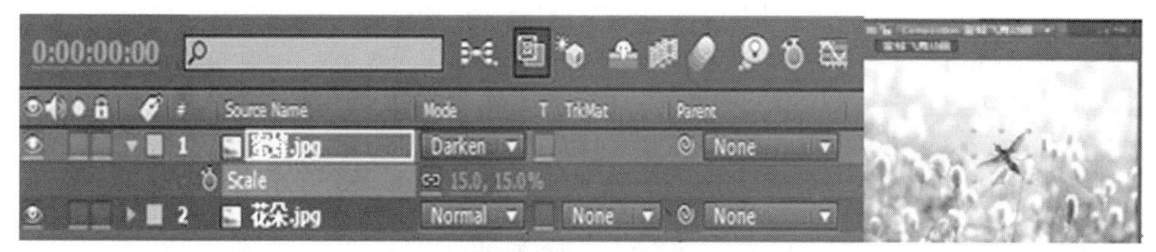

图 3-18 设置后效果

第五步,设置关键帧动画,在确认蜜蜂层选中的情况下,将时间指针移动到 0:00:00:00 的位置,按 P 键,展开位置参数,设置 Position 参数为(254.0,500.0),并单击 Position 前面的码表,添加关键帧。如图 3-19 所示。

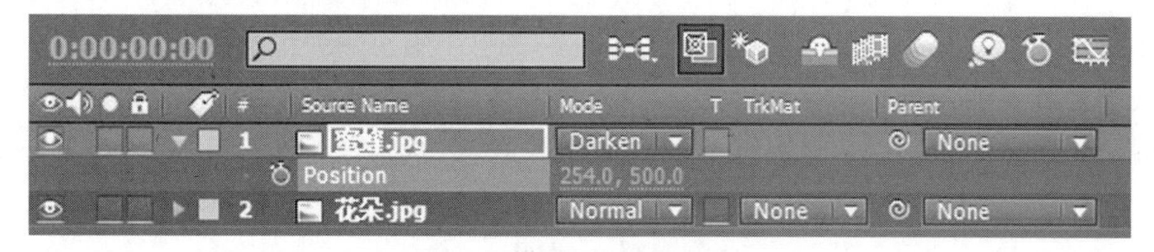

图 3-19 设置关键帧动画(一)

第六步,将时间指针移到 0:00:01:00 的位置,按 R 键,打开旋转动画,设置旋转为 0x +60.0°,并单击 Rotation 前面的码表,添加一处关键帧。按 P 键,展开位置参数,设置 Position 参数为(420.0,344.0),如图 3-20 所示。

第七步,将时间指针移到 0:00:02:30 的位置,设置旋转为 0x +0.0°,设置 Position 位置为(56.0,182.0),如图 3-21 所示。

最后,设置 Position 位置为(102.0, -54.0),单击键盘上的 0 键,即可预览制作好的效果。如图 3-22 所示。

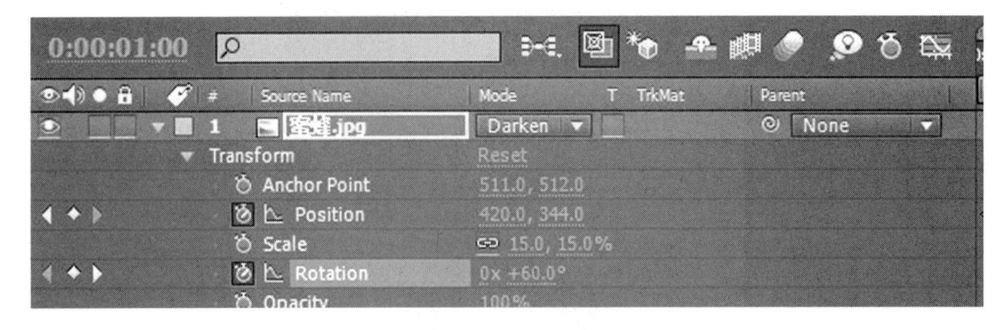

图 3-20　设置关键帧动画(二)

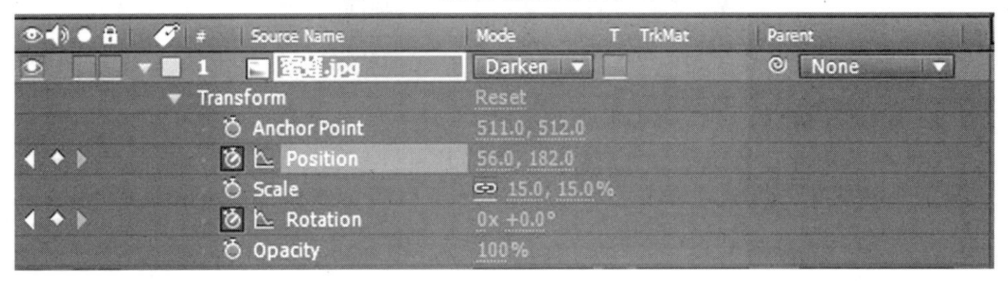

图 3-21　设置关键帧动画(三)

图 3-22　预览效果

本项目小结

首先介绍了层的概念,在 AE 中所有素材放到时间轴窗口中后变为层,介绍了层的五种基本属性。对层添加了特效后,特效属性也放在层下面。

关键帧就是在不同时间点记录层属性的值。关键帧记录器就是在不同时间点设置层属性的不同值的记录情况。最后通过实例讲解了关键帧动画的步骤。

习　题

一、填空题

1. 在____________按钮被按下的状态时,将时间指针移动到需要添加关键帧的位置,然后在 Timeline(时间轴)窗口中修改图层属性选项的数值,即可在该位置添加关键帧。

2. 在工具栏中选取____________工具,在运动路径中需要的位置单击鼠标左键,即可在该位置添加一个关键帧。

3. 选取需要调整运动方向的动画层对象,执行 Layer(图层)→Transform(变换)→

Auto - Orientation(自动转向)命令,在打开的对话框中选择 Orient Along Path(沿路径转向)单选项,然后单击 OK,使图像在运动过程中__________。

二、选择题

1. 在工具栏中选取(　　)工具,在运动路径中单击任意的关键帧,可以将其删除。

A.　　B.　　C.　　D.

2. 在 Keyframe Interpolation(关键帧插值)对话框的 Temporal Interpolation(时间插值)下拉列表中选择(　　),可以在改变关键帧上的曲线时,AE 会自动调整控制柄的位置保持关键帧之间的平滑过渡。

A. Linear　　B. Auto Bezier　　C. Continuous Bezier　　D. Bezier

3. 在 Animation (动画)→Keyframe Assistant(关键帧辅助)菜单下选择(　　)命令,可以减缓进入所选择关键帧的动画速率。

A. Easy Ease　　B. Easy Ease In　　C. Easy Ease Out　　D. Easy Ease Scale

项目四 色彩修正

【学习要点】

了解什么是色彩修正

了解 After Effects CS4 抠色彩修正技巧

任务一 色彩基础

在制作影片时,经常要碰到调色这一个环节,例如把整个片子调成某个色调,或将前、后景色调得协调等。有些环节对调色的要求非常高、非常细,特别是对人物的调色方面。例如只想对肤色做调整,而不影响其他方面,或只是调整服装的颜色,这就需要用到局部调色的技巧。

在学习调色前,有必要对色彩的基础知识有一定的了解。

现实世界中的对象如果在计算机中表现出来,必须依靠不同的配色方式来实现。下面将介绍几种常用的配色方式。

(1)RGB。RGB 是由红、绿、蓝三原色组成的色彩模式。图像中所有的色彩都是由三原色组合而来。

所谓三原色,即指不能由其他色彩组合而成的色彩。三原色并不是固定不变的,例如红、黄、蓝也被称为三原色。三原色每个都可包含 256 种亮度级别,3 个通道合成起来就可显示完整的彩色图像。电视机或监视器等视频设备,就是利用三原色进行彩色显示的。在视频编辑中,RGB 是唯一可以使用的配色方式。

如果以等量的三原色光混合,可以形成白光。三原色中红和绿等量混合则成为黄色,绿和蓝等量混合为青色,红和蓝等量混合为品红色。

在 AE 中调节对象色彩,可以通过对红、绿、蓝 3 个通道的数值进行调节,来改变图像的色彩。三原色中每种都有 0 ~ 255 的取值范围。当 3 个值都为 0 时,图像为黑色;当 3 个值都为 255 时,图像为白色。

(2)灰度。灰度图像模式属于非彩色模式。它只包含 256 级不同的亮度级别,只有一个 Black 通道。用户在图像中看到的各种色调都是由 256 种不同强度的黑色所表示的。灰度图像中的每个像素的颜色都要用 8 位二进制存储。

(3)Lab。Lab 是一种图像软件用来从一种颜色模式向另外一种颜色模式转变的内部颜色模式。例如在 Photoshop 中将 CMYK 图像转变为 RGB 图像，系统首先将 CMYK 转变为 Lab，然后将 Lab 转换为 RGB。

Lab 色彩模式由 3 个通道组成。每个通道包含 256 种不同的色调。Lab 颜色通道由一个亮度通道和两个色度通道 A 和 B 组成。其中 A 代表从绿到红，俗称红绿轴；B 代表从蓝到黄，俗称蓝黄轴。

Lab 色彩模式是一种独立的模式。用户在显示器上看到 Lab 颜色应该和彩色打印机或其他印刷工具输出的颜色相同。Lab 色彩模式的数据量略大于 RGB 模式。

Lab 色彩模式作为一个彩色测量的国际标准，是基于最初的 CIE 1931 色彩模式的。1976 年，这个模式被定义为 CIE Lab。Lab 模式解决了彩色复制中由于显示器或印刷设备不同而带来的差异。Lab 色彩模式是在与设备无关的前提下产生的，因此它不考虑用户所使用的设备。

（4）HSB。HSB 色彩模式基于人对颜色的感觉而制定。它既不是 RGB 的计算机数值，也不是 CMYK 的打印机百分比，而是将颜色看作由色相、饱和度和明亮度组成的。

（5）Hue（色相）。色谱是基于从某个物体返回的光波，或者是透过某个物体的光波。人眼中看到的光谱中的颜色，称为可见光谱，也就是俗称的七彩色：红、橙、黄、绿、青、蓝、紫。色相是区分色彩的名称。黑、白及各种灰色都属于无色相的。

（6）Saturation（饱和度）。饱和度是指示某种颜色浓度的含量。饱和度越高，颜色的强度也就越高。

（7）Brightness（明亮度）。明亮度是对一种颜色中光的强度的表述。明度高则色彩明亮，明度低则色彩暗。同一颜色中也有不同的明度值，如白色明度值较大，灰色明度值适中，黑色明度值较小。

任务二　色彩校正

在调色的时候，会碰到色彩位深度的概念。首先来看看什么是位深度，这对后期的调色有着重要的影响。

在电影制作中，通常使用 10 ~ 16 bit 的位深度来记录颜色信息。现在的高清电视也以 10 bit 位深度来记录颜色信息，这样可以保证最佳的视觉效果。

一般处理的图像文件都是由 RGB 或 RGBA 通道组成的。而记录每个通道颜色的量化位数就是位深度，也就是图像中有多少位的像素表现颜色。通常情况下，使用 8 bit 量化图像。这样，RGB 通道就是 24 bit 色，RGBA 通道则是 32 bit 色。这里的 24 bit 和 32 bit 是颜色位深度的总和，也叫作颜色位数量。

使用高位量化的图像，在进行例如抠像、调色、追踪等操作时，会得到更佳的合成质量，高位深度图像的细节也更加细腻。但是，高位量化图像的数据量也要远远大于低位量化图像。

在 After Effects 中调色是有颜色损失的，为了保证最好的调色质量，建议在调色时将项目的位深度设为 32 bit。而 After Effects 的默认位深度为 8 bit。

任务三　Levels 色阶

Levels 特效用于修改图像的高亮、暗部及中间色调。可以将输入的颜色级别重新映像到新的输出颜色级别，这是调色中比较重要的命令。

如图 4-1 所示，首先应用色阶特效，把 Output Black 设为 120，Output White 设为 130。

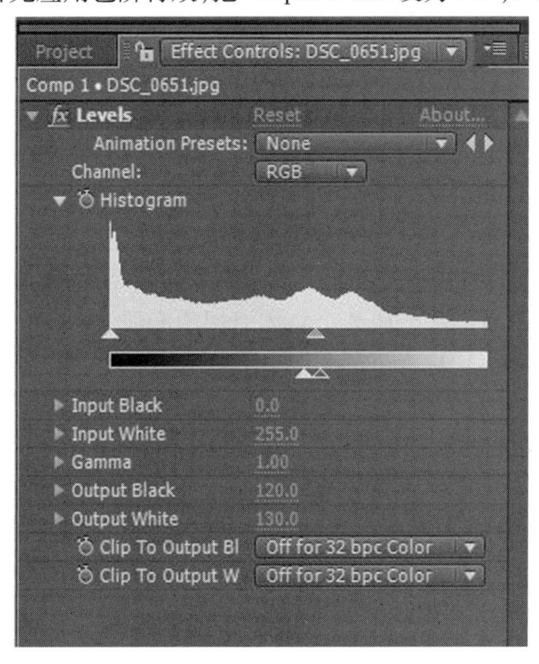

图 4-1　色阶特效控制对话框

在特效控制对话框中可以看到当前画面帧的直方图。直方图的横向 x 轴代表了亮度数值，从最左边的最黑(0. 0)到最右边的最亮(255. 0)；y 轴代表了在某一亮度数值上总的像素数目。在直方图下方灰阶条中由左方黑色小三角控制图像中输出电平黑色的阈值，右方白色小三角控制图像中输出电平白色的阈值。

Input Black/White 为输入黑色或白色，控制输入图像中黑色或白色的阈值。输入黑色在直方图中由左方黑色小三角控制，而输入白色在直方图中由右方白色小三角控制。伽马调整，控制 Gamma 值，在直方图中由中间黑色小三角控制。

Output Black/White 为输出黑色或白色，控制输出图像中黑色或白色的阈值。输出黑色在直方图下方灰阶条中由左方黑色小三角控制，输出白色在直方图下方灰阶条中由右方白色小三角控制。

拖动黑色或白色滑块可以使图像变得更暗或更亮。向右拖动黑色滑块，增高阴影区域阈值，图像变暗；向左拖动白色滑块，增高高亮区域阈值，图像变亮。拖动直方图中央的灰色小三角也可以调整图像的 Gamma 参数。向左拖动，靠近阴影区域，Gamma 值增大，图像变亮，对比减弱；向右拖动，靠近高亮区域，Gamma 值减小，图像变暗，对比增强。但是图像中的最暗和最亮区域不变。

不但可以在直方图中对图像的 RGB 通道进行统一的调整,还可以对单个通道分别进行调整。单击左侧的通道按钮,选择需要调节的通道。图表中显示该通道直方图。直方图右侧的颜色控制滑块可以控制该通道颜色贡献度,向左拖动,可以增加该通道颜色贡献度。拖动左方的黑色滑块,可以降低该通道颜色贡献度。中间的 Gamma 调整可以调节中间区域。通过单个通道的分别调节,更可以对颜色进行抑止或增量,以达到校正图像颜色的目的。

再应用第二个 Levels 特效。把 Input Black 设为 120,Input White 设为 130。效果如图 4-2 所示。

图 4-2 Levels 2 特效设置效果

从图 4-2 中可以直观地看到,灰阶损失得非常厉害。我们再为图像应用一个 Levels 特效,如图 4-3 所示,可以看到,现在图像的灰阶只剩 10 阶了,即刚才把图像的色彩空间压缩到 120 ~ 130 的 10 阶段。

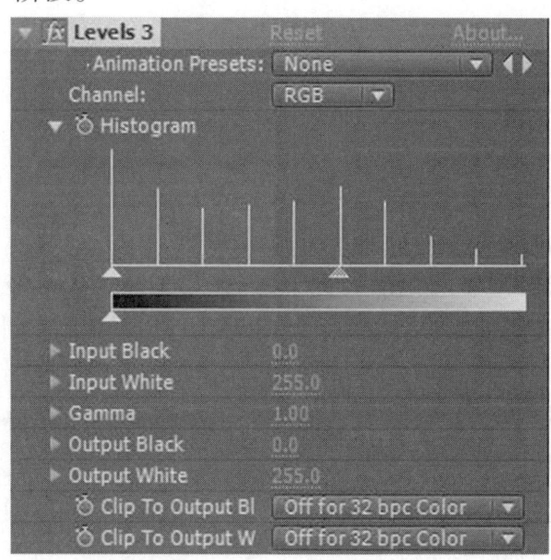

图 4-3 Levels 3 特效设置效果

可以看出,8 bit 位深度保留画面层次的能力极其有限,说明 After Effects CS4 中对画面灰度的任何操作都会损失画面层次。所以,在调色的时候,需要更高的位深度来应对这些损失。

下面提高位深度来看看效果。After Effects CS4 中的色彩位深度在 Project(项目)中设置。切换到 Project 窗口,单击窗口下方的 8 bits per channel,会弹出如图 4-4 所示的对话框。

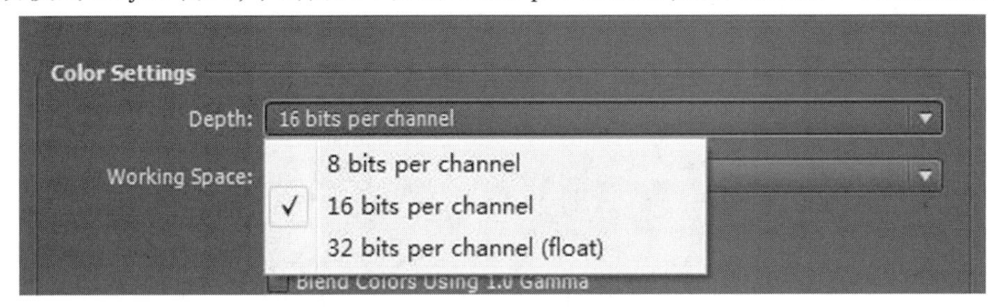

图 4-4 色彩位深度设置对话框

在 Depth 下拉列表中选择 16 bits per channel,再来看看刚才的色阶调整,如图 4-5 所示。现在可以看到,由于 16 bit 位深度下灰阶远远超过 8 bit 的灰阶数量,所以在 8 bit 时,120 ~ 130 是 10 个灰阶,而在 16 bit 时,就变成了 15 420 ~ 16 705 的 1 285 个灰阶。这远远超过了肉眼的分辨能力。所以,在 16 bit 时,调节颜色的损耗是无法被肉眼察觉到的,基本可以忽略不计。

由于 8 bit 和 16 bit 的色彩位深度是在 0 ~ 1 的范围内量化的,亮度超过 1 就会被视为 1。而 32 bit 可以超过 1 或低于 0,所以在调节亮度等参数时,如果感觉画面调“曝”了,只要通过合理的控制,画面层次就可以补救回来。所以,使用 32 bit 调节的时候,可调范围也就更大。

任务四　场

在使用视频素材时,会遇到交错视频场的问题。它严重影响着最后的合成质量。例如,对场设置错误的素材做变速,在电视上播放的时候就会出现画面抖动等问题。After Effects 中对场控制提供了一整套的解决方案。

要解决场的问题,首先需要对场有一个概念性的认识。

在将光信号转换为电信号的扫描过程中,扫描总是从图像的左上角开始,水平向前行进,同时扫描点也以较慢的速率向下移动。当扫描点到达图像右侧边缘时,扫描点快速返回左侧,重新开始在第 1 行的起点下面进行第 2 行扫描,行与行之间的返回过程称为水平消隐。一幅完整的图像扫描信号,由水平消隐间隔分开的行信号序列构成,称为一帧。扫描点扫描完一帧后,要从图像的右下角返回到图像的左下角,开始新一帧的扫描,这一时间间隔,叫作垂直消隐。对于 PAL 制信号来讲,采用每帧 625 行扫描;对于 NTSC 制信号来讲,采用每帧 525 行扫描。

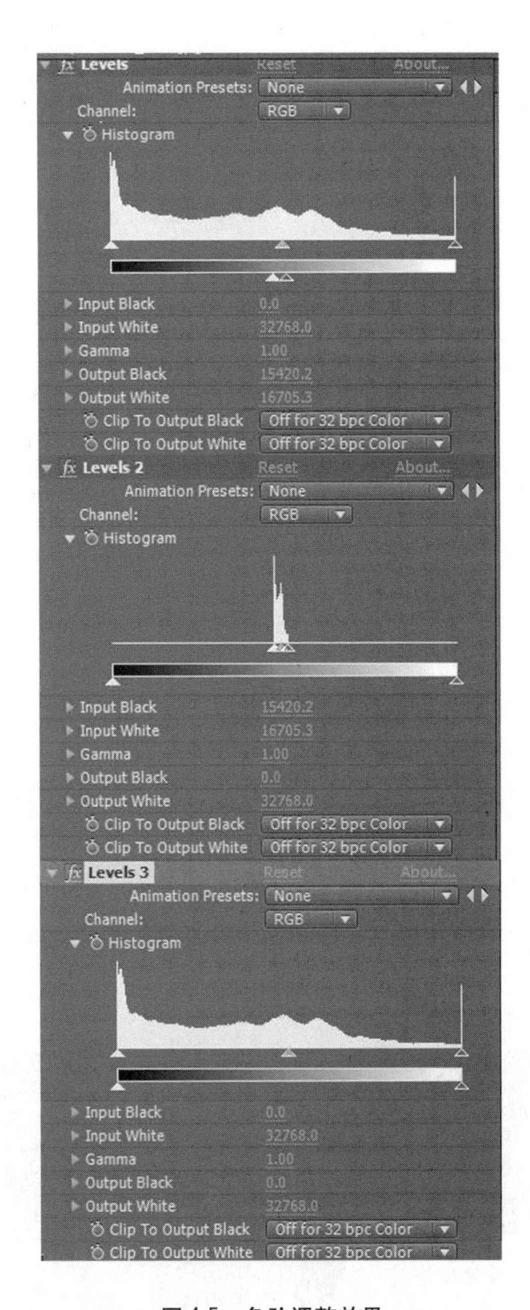

图 4-5　色阶调整效果

大部分的广播视频采用两个交换显示的垂直扫描场构成每一帧画面，这叫作交错扫描场。交错视频的帧由两个场构成，其中一个扫描帧的全部奇数场，称为奇场或上场；另一个扫描帧的全部偶数场，称为偶场或下场。场以水平分隔线的方式隔行保存帧的内容，在显示时首先显示第 1 个场的交错间隔内容，然后再显示第 2 个场来填充第一个场留下的缝隙，如图 4-6 所示。

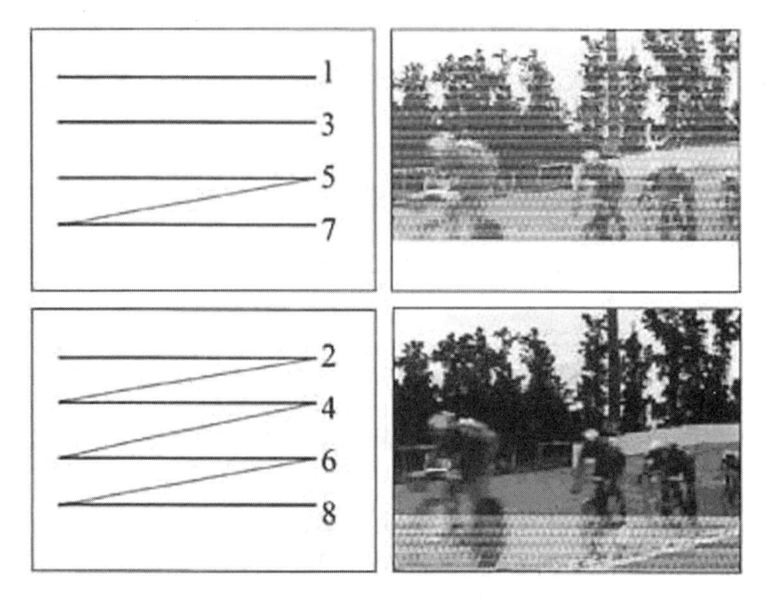

图 4-6　交错扫描场

解决交错视频场的最佳方案是分离场。After Effects 可以将上传到计算机的视频素材进行场分离。通过从每个场产生一个完整帧再分离视频场，并保存原始素材中的全部数据。在对素材进行如缩放、旋转、效果等加工时，场分离是极为重要的。如图 4-7 所示，未对素材进行场分离，此时画面中有严重的毛刺现象。

After Effects 通过场分离将视频中两个交错帧转换为非交错帧，并最大程度地保留图像信息。使用非交错帧是 After Effects 在工作中保证最佳效果的前提。在 Field Separation 下拉列表中选择场的优先顺序，可看到，毛刺效果不见了，如图 4-8 所示。

图 4-7　未进行场分离

图 4-8　进行场分离后的效果

本项目小结

在这一项目里,我们主要介绍了色彩的基本知识。色彩的三要素包括色相、饱和度和明亮度,以及 RGB 格式和 CMYK 格式的区别。在 After Effects 中调色是有颜色损失的。我们用色阶可以在 After Effects 中进行调色。

场可以解决视频素材中交错视频场的问题。

习 题

一、填空题

1. 色彩的三要素包括____________、____________和____________。

2. 解决交错视频场的最佳方案是____________。

3. Levels 特效用于修改图像的____________、____________及中间色调。

二、简答题

1. 什么是颜色位数量?

2. 什么是灰度?

项目五 After Effects 中的文字特效动画

【学习要点】

理解 After Effects CS4 中制作一般文字

掌握 Path(路径)文字的制作方法

掌握运用特效制作金属字

掌握 Paint 手写字

任务一 在 After Effects CS4 中制作五彩缤纷的文字

After Effects CS4 提供了强大的文字特效动画制作工具,作为 Adobe 的最新产品之一,在处理文字方面与常用的 Adobe Photoshop 软件具有很多相似之处,熟悉 Photoshop 软件的用户可以很容易理解本项目的内容。同时,After Effects 软件可以通过时间轴关键帧将文字的制作过程和赋予特效的过程记录为动画,并应用于影视制作中。

一、Text 层和 Text 特效应用

Text 特效是比较常用的一种特效,它控制着输入文字的基本属性和动画。例如,制作文字的字体、大小、对齐方式和颜色等属性和动画,在单击 Basic Text 特效时,系统会自动弹出 Basic Text 的属性窗口,该属性窗口控制着输入的字体与种类以及书写方向。编辑完成后,按下 OK 按钮,就进入了 Basic Text 的参数面板。Basic Text 的参数面板如图 5-1、图 5-2 所示。

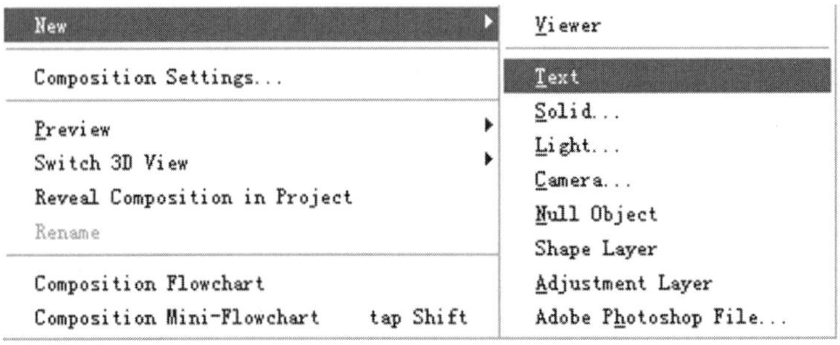

New
Composition Settings...
Preview
Switch 3D View
Reveal Composition in Project
Rename
Composition Flowchart
Composition Mini-Flowchart tap Shift
Viewer
Text
Solid...
Light...
Camera...
Null Object
Shape Layer
Adjustment Layer
Adobe Photoshop File...

图 5-1 执行 Text 命令新建 Text 层

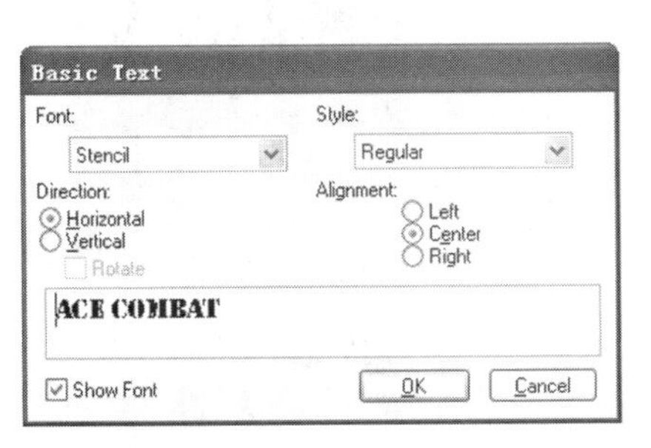

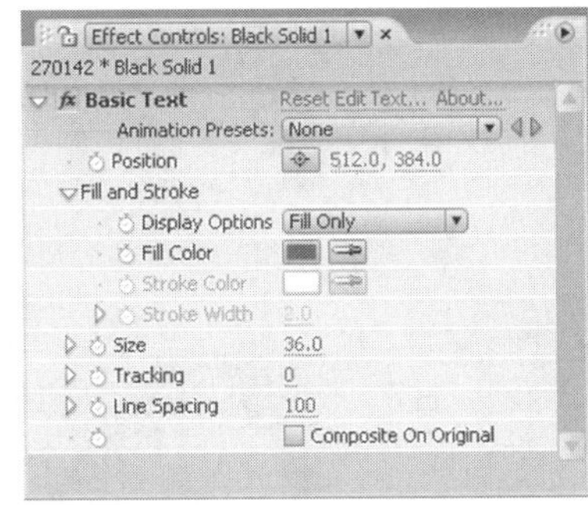

图 5-2　Basic Text 属性窗口和 Basic Text 面板

技巧提示	在制作过程中，如果需要修改字体，只需单击 Edit 按钮就可以回到 Basic Text 属性窗口了。

(一) Animation Presets

该选项控制着 Basic Text 的预设值，展开其下拉菜单可以调出已经设置好的预设值，AE 默认并没有为用户设定预设，用户可以选择 Save Animation Presets 选项，将已经设置好的字体效果保存起来，在需要使用的时候调出即可。

(二) Position

该参数控制着字体的位置，可以使用其参数后面的数字控制字体的位置，也可以使用按钮在 Composition 窗口中指定字体的位置，如图 5-3 所示。

图 5-3　改变字体的位置

(三) Display Options

该参数控制着文字的外观设置，展开其下拉菜单，有 4 种文字的外观设置，其中 Fill Only 是只显示文字的面；Stroke Only 是只显示文字的边，不显示文字的面；Stroke 是显示文字的边和面，但是显示的边多一些；Stroke Over Fill 是同时显示文字的边和面，但是面显示的比较多一些，如图 5-4 所示。

(四) Fill Color

该参数可以设置字体内部面的颜色，单击其后方的色块可以更改颜色，用户可以根据自己的需要选择颜色，还可以使用后方的工具吸取 Composition 窗口内的颜色，如图 5-5 所示。

图 5-4　文字外观设置

图 5-5　吸取字体颜色

（五）Stroke Color

设置字体描边的颜色，单击其后方的色块可以设置颜色，用户可以根据自己的需要选择颜色，还可以使用后方的工具吸取 Composition 窗口内的颜色。该参数只有在选中 Display Options 选项中的 Fill Only 时不能使用。

（六）Stroke Width

该参数可以设置字体描边的宽度，AE 默认为 2，参数越大描边越宽，数值过大会遮挡住文字的面，如图 5-6 所示。同 Stroke Color 一样，该参数只有在选中 Display Options 选项中的 Fill Only 时不能使用。

图 5-6　描边宽度

（七）Size 和 Tracking

Size 控制着字体的大小，该数值越大字体越大。Tracking 控制着每个字符之间的间距，数值越大间距越大，数值小则反之，如图 5-7 所示。

图 5-7 字符间距效果

(八) Line Spacing 和 Composite On Original

Line Spacing 控制着行与行之间的间距,该选项在只有两行以上的文字时才会被激活。Composite On Original 控制着字体层是否与原图相合成,AE 默认为不启用,启用时文字将不与原图相合成,如图 5-8 所示。

图 5-8 Composite On Original 效果

二、Path Text 特效应用

该特效主要用于设置路径文字,它有多种路径运动设置属性,可以实现多组文字的路径动画,它可以使用圆、直线、曲线等作为其运动路径,用来创作出丰富的路径动画。该特效的参数面板如图 5-9 所示。

(一) Animation Presets

该选项控制着 Path Text 的预设值,展开其下拉菜单可以调出已经设置好的预设值,AE 默认并没有为用户设定预设,用户可以选择 Save Animation Presets选项,将已经设置好的字体效果保存起来,在需要使用的时候调出即可。

(二) Information

展开该选项,它显示着文本的相关信息。其中,Font 显示的是文本类型,Text Length 显示的是文本的长度,Path Length 显示的是路径的长度。

(三) Shape Type

该选项控制着路径的曲线类型,展开其右侧的下拉菜单,有 4 种相关的类型。其中,Bezier 是贝赛

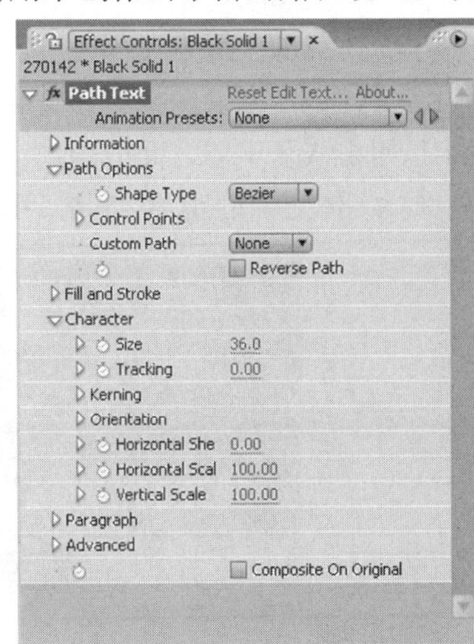

图 5-9 Path Text 面板

尔曲线,Circle 是圆形曲线,Loop 是循环曲线,Line 是直线,如图 5-10 所示。

图 5-10 Bezier 和 Line

(四)Control Points 和 Custom Path

Control Points 参数控制着不同类型路径的控制点位置编辑。Custom Path 控制着路径的自定义效果,可以使用钢笔工具画出一个路径遮罩,将其导入该文本使用即可,如图 5-11 所示。

图 5-11 Custom Path 效果

(五)Reverse Path 和 Kerning

Reverse Path 参数可以控制路径的翻转,AE 默认为关闭的。Kerning 选项可以调节相邻两个字体之间的距离。

(六)Kerning Pair 和 Kerning Value

Kerning Pair 可以选择相邻文字,其中使用左右箭头可以控制相邻两个字体的选择,Clear 是用来恢复字体之间的距离,Reset All 是恢复为默认值。Kerning Value 选项可以设置被选择字体之间的距离,如图 5-12 所示。

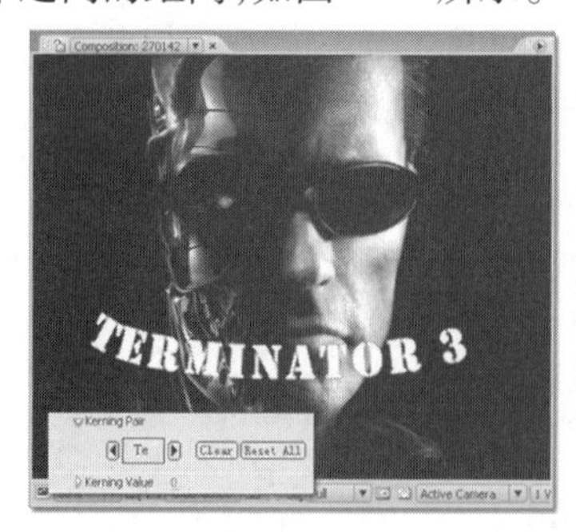

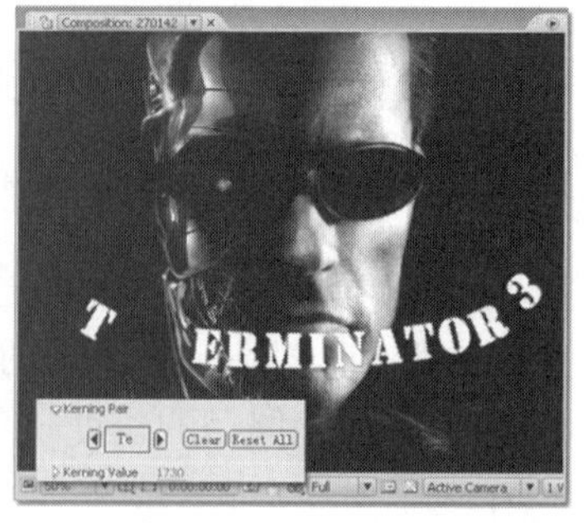

图 5-12 调节两字体距离

（七）Character Rotation

该选项控制着文本的旋转角度，角度越大，该字体的旋转就越大。如图 5-13 所示。

图 5-13　字体旋转角度

（八）Perpendicular To Path

该选项控制着文本是否与路径相垂直，AE 默认为启用该项，启用该项时，文本与路径相垂直，如图 5-14 所示。

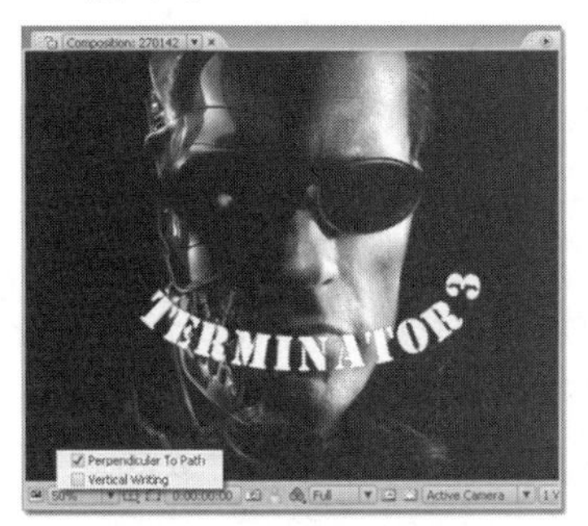

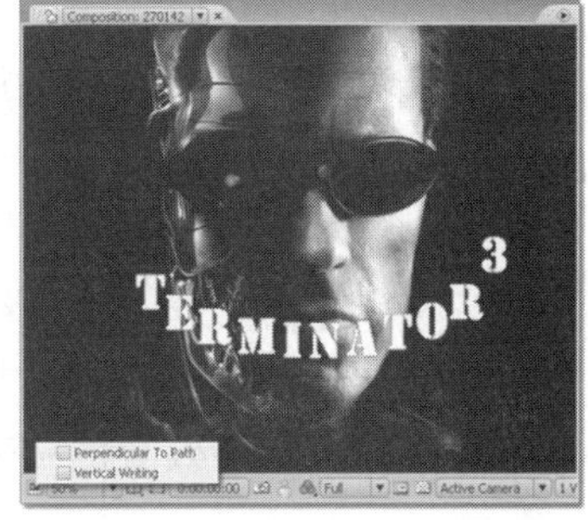

图 5-14　文本垂直路径效果对比

（九）Vertical Writing 和 Rotate Roman Characters

Vertical Writing 选项控制着文本的中心是否在路径上，如图 5-15 所示。Rotate Roman Characters 选项控制着是否自动旋转文本，该选项只有在 Vertical Writing 启用的时候才有作用，如图 5-16 所示。

图 5-15　Vertical Writing 效果　　图 5-16　Rotate Roman Characters 效果

（十）Horizontal Shear、Horizontal Scale 和 Vertical Scale

Horizontal Shear 控制着水平倾斜字体，数值越大，倾斜的程度就越大。Horizontal

Scale 控制着文字的水平缩放，而文字的高度保持不变，如图 5-17 所示。Vertical Scale 控制着文字的垂直缩放，而文字的宽度不变，如图 5-18 所示。

图 5-17　水平缩放

图 5-18　垂直缩放

(十一) Alignment

该选项可以设置文字段落的编辑方式，其中 Left Margin 为设置文字的左边距，Right Margin 为设置文字的右边距，Line Margin 为设置文字的行间距，Baseline Shift 为设置文字的基线位移。

(十二) Composite On Original

该选项控制着字体层是否与原图相合成，AE 默认为不启用，启用该复选框时文字将不与原图相合成。

任务二　Text 层和 Text 特效——精彩纷呈

本任务制作 Text 层和 Text 特效案例——“精彩纷呈”文字特效。

制作过程如下：

(1) 新建合成“Text”，设置如图 5-19 所示。

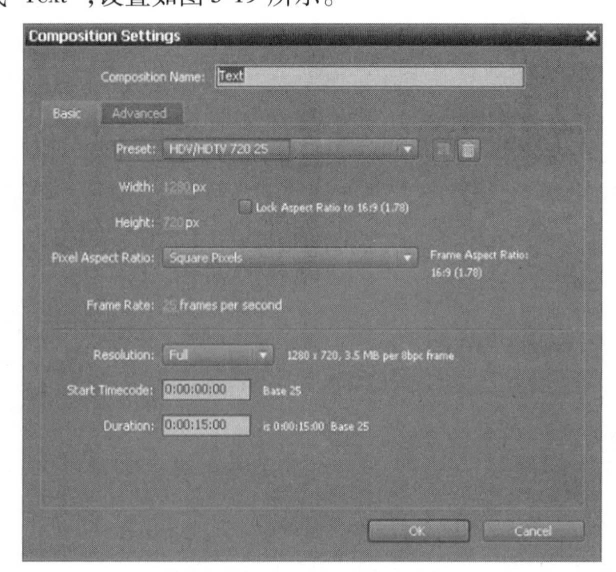

图 5-19　新建合成设置

(2)使用文字工具在合成中新建一文字层并输入文字“特效之后”,文字字体、大小、颜色及位置等设置如图 5-20 所示。

图 5-20 文字设置

(3)选择文字层,按 Ctrl + D 复制一层,并为复制出来的文字层添加 Bevel Alpha 特效,将层叠加模式设置为 add 模式,参数设置如图 5-21 所示。

图 5-21 参数设置

(4)选择刚才复制的文字层,按 Ctrl + D 再复制一层,修改 Bevel Alpha 特效参数值,如图 5-22 所示。

(5)选择刚才复制的文字层,按 Ctrl + D 再复制一层,修改 Bevel Alpha 特效参数值,如图 5-23 所示。

(6)新建合成命名为“Text 2”,在项目面板中将“Text”合成拖入“Text 2”合成中,将时间指针移动到 1 秒 18 帧,选择“Text”层按快捷键 Ctrl + [将图层切断,如图 5-24 所示。

图 5-22 修改 Bevel Alpha 特效参数(一)

图 5-23 修改 Bevel Alpha 特效参数(二)

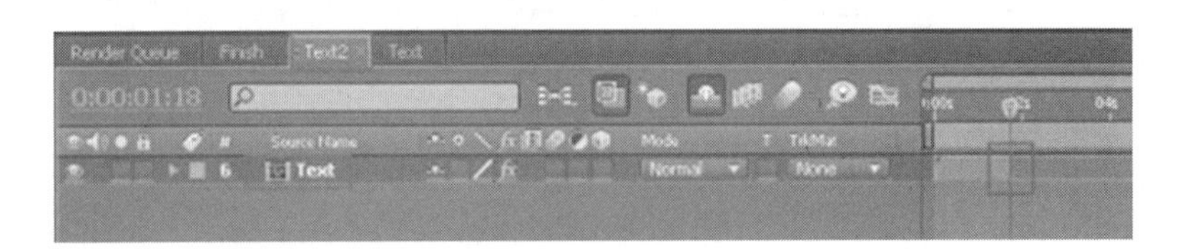

图 5-24 切断图层

(7)选择“Text”层,添加特效 Bevel Edges,设置参数如图 5-25 所示。

(8)选择“Text”层,再添加特效 Color Emboss,设置参数如图 5-26 所示。

(9)选择“Text”层,再添加特效 Drop Shadow,设置参数如图 5-27 所示。

(10)选择“Text”层,按快捷键 Ctrl + D 复制一层命名为“Text 1”,将层叠加模式设置为 add,并添加 Fast Blur 特效,将 Blurriness 属性值设置为 59,Blur Dimensions 属性设置为 Horizontal,如图 5-28 所示。

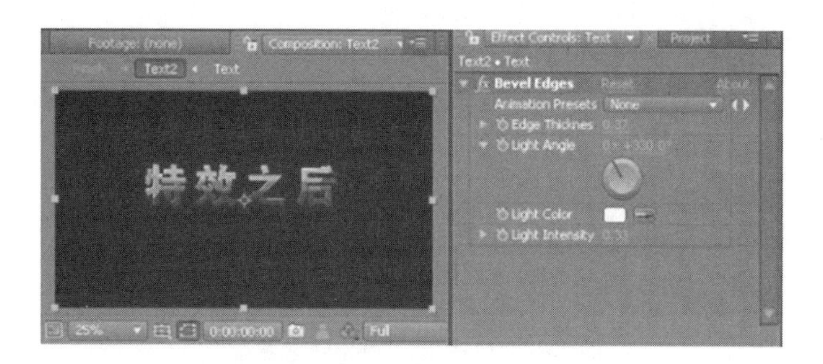

图 5-25 设置 Bevel Edges 特效参数

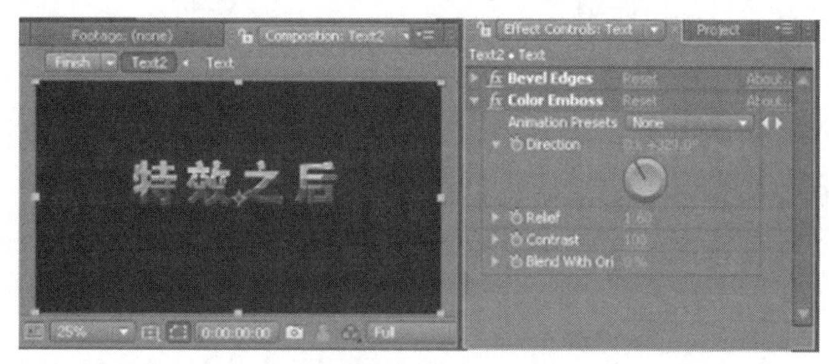

图 5-26 设置 Color Emboss 特效参数

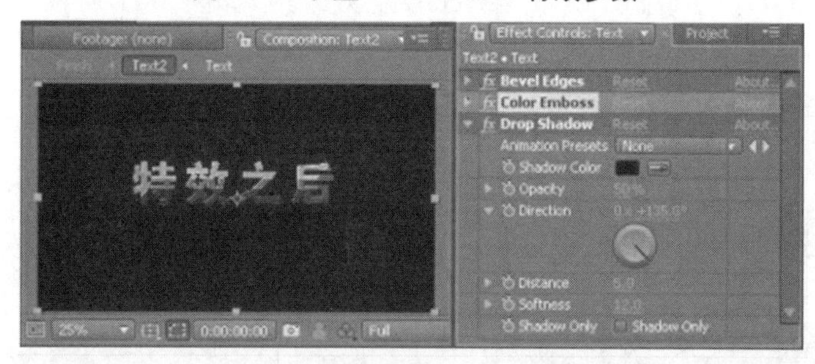

图 5-27 设置 Drop Shadow 特效参数

图 5-28 设置 Fast Blur 特效参数

(11)选择"Text 1"层,按快捷键 Ctrl + D 复制一层命名为"Text 2",将层叠加模式设置为 add,修改 Fast Blur 特效参数,如图 5-29 所示。

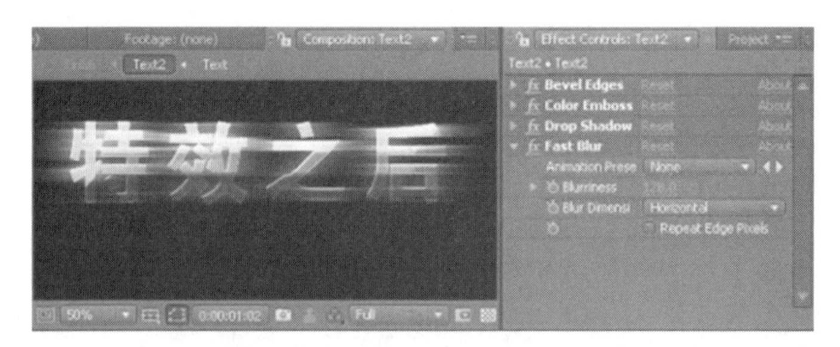

图 5-29　修改 Fast Blur 特效参数

(12)选择“Text”层,按快捷键 Ctrl + D 复制一层命名为“Text 3”,将时间指针移动到 1 秒 19 帧,选择“Text 3”层按快捷键 Ctrl + [,如图 5-30 所示。

图 5-30　将 Text 3 层切断

(13)选择“Text 3”层,添加 CC Pixel Polly 特效,参数如图 5-31 所示,这时移动时间指针会发现文字已经产生破碎的效果。

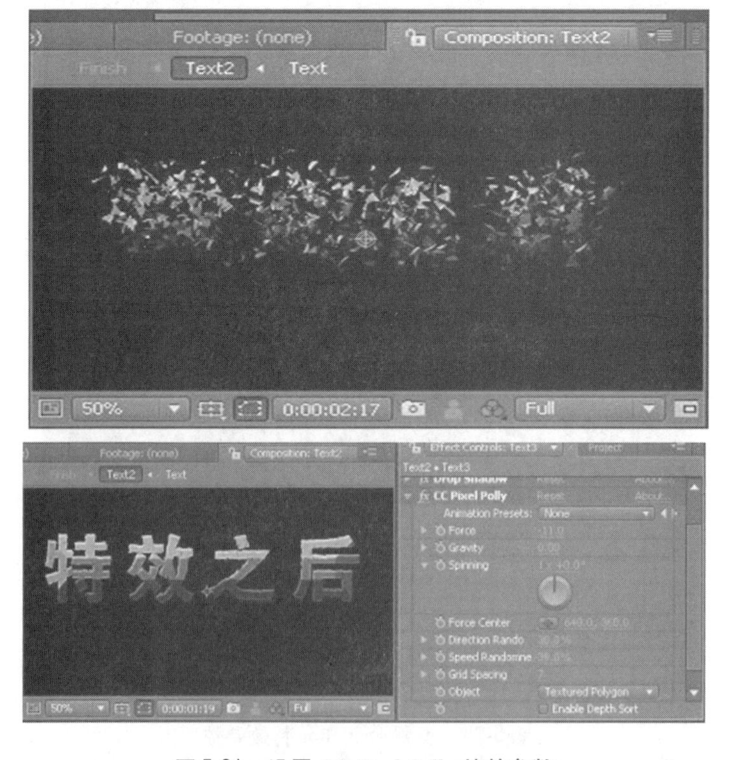

图 5-31　设置 CC Pixel Polly 特效参数

(14)选择“Text 3”层，添加 CC Scatterize 特效，参数如图 5-32 所示。

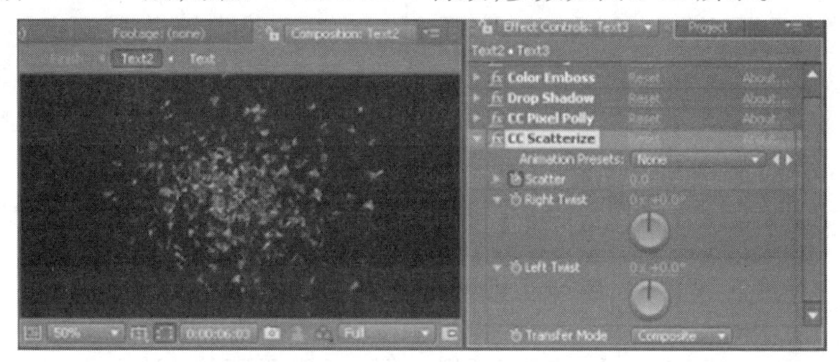

图 5-32　设置 CC Scatterize 特效参数

(15)为“Text 3”层的 CC Scatterize 特效的 Scatter 属性添加关键帧动画，在 6 秒 03 帧处设置值为 0，在 7 秒 10 帧处设置为 23，在 8 秒 01 帧处设置为 172，为“Text 3”层的 Opacity属性添加关键帧动画，在 7 秒 03 帧处设置值为 100%，在 8 秒 05 帧处设置值为 0%，如图 5-33 所示。

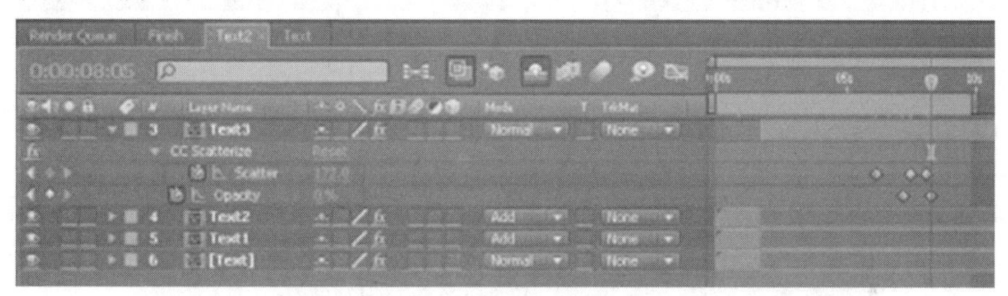

图 5-33　添加关键帧动画

(16)选择“Text 3”层，按快捷键 Ctrl + D 复制一层命名为“Text 4”，将层叠加模式设置为 add，并添加 Fast Blur 特效，设置参数如图 5-34 所示。

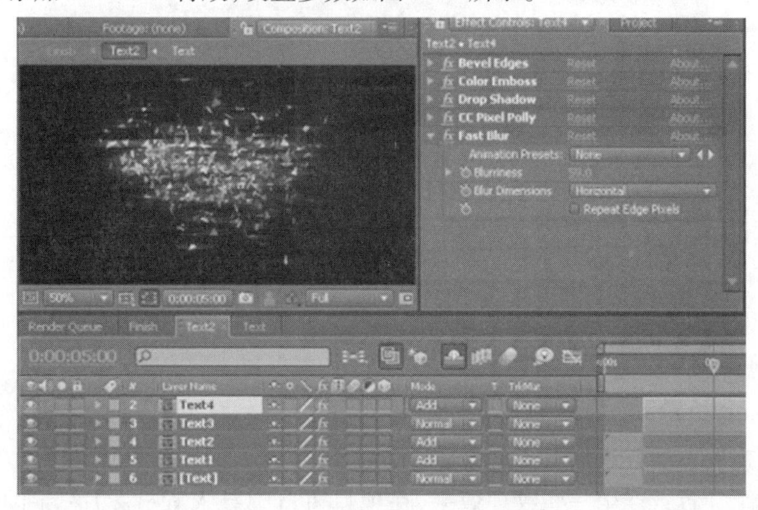

图 5-34　设置 Fast Blur 特效参数

(17)选择“Text 4”层，按 T 展开 Opacity 属性并设置关键帧动画，在 6 秒 03 帧处设置

Opacity 值为 100%，在 7 秒 16 帧处设置值为 0%，如图 5-35 所示。

图 5-35 设置关键帧动画

（18）选择“Text 4”层，按 Ctrl + D 再复制一层，让效果更加明显一点，如图 5-36 所示。

图 5-36 复制一层

（19）新建合成命名为“Finish”，如图 5-37 所示。

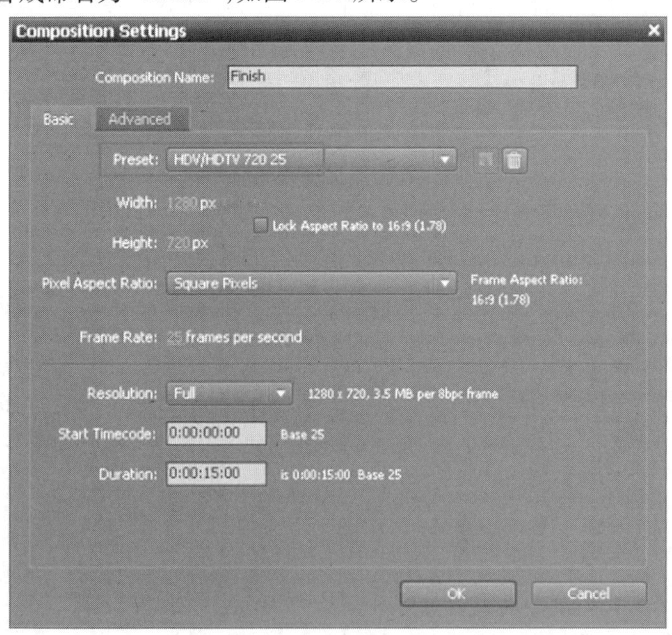

图 5-37 新建合成

（20）新建固态层并添加 Ramp 特效制作背景，参数设置如图 5-38 所示。

（21）为了让背景产生一些纹理效果，在项目窗口中导入素材图片“metal. jpg”，并拖入“Finish”合成中，放置于新建的固态层之上，将叠加模式修改为 Multiply，如图 5-39 所示。

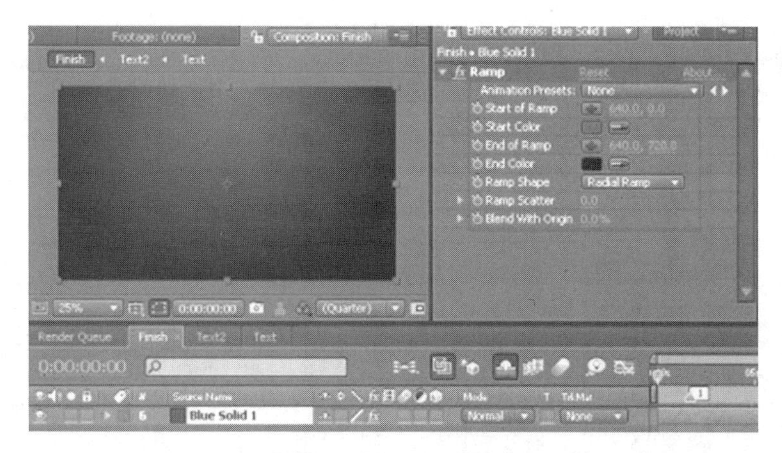

图 5-38 设置 Ramp 特效参数

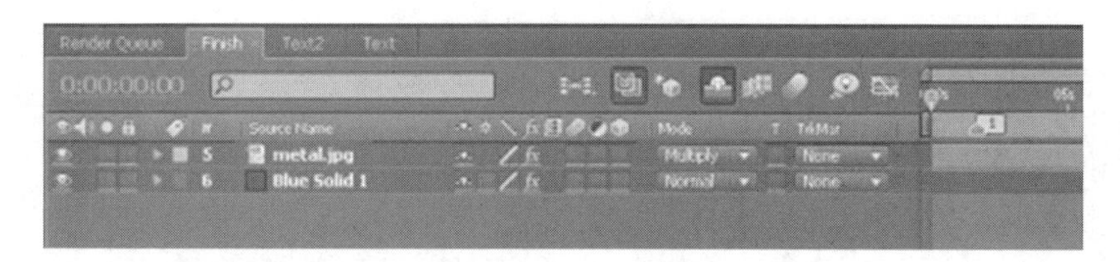

图 5-39 导入素材图片

(22)选择“metal. jpg”层,添加 Levels 特效,将图片的色阶调节一下,如图 5-40 所示。

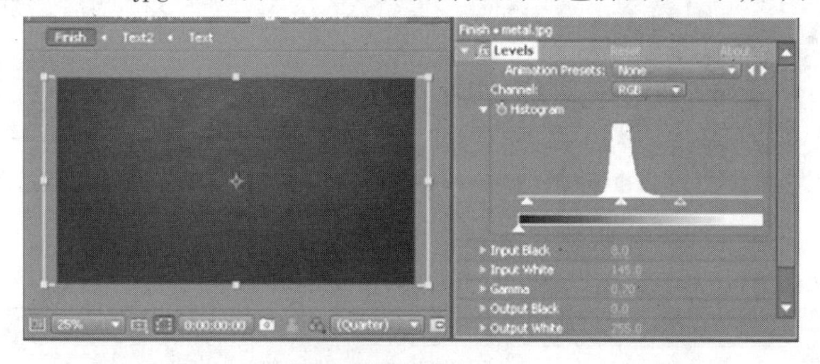

图 5-40 调节色阶

(23)选择“Text 2”层,按 Ctrl + D 复制一层,命名为“text_fenlie”,修改叠加模式为 screen,并将时间指针移动到 1 秒 18 帧处,在选中“text_fenlie”层的情况下按快捷键 Ctrl + [将图层切断,如图 5-41 所示。

(24)新建固态层,层叠加模式设置为 Add,放置于顶层,添加特效 Optical Flares 制作灯光,参数设置如图 5-42 所示。

(25)为 Optical Flares 特效添加关键帧动画,在 1 秒 18 帧处设置 Position XY 属性值为 378,301,设置 Brightness 属性值为 0;在 2 秒 20 帧处设置 Brightness 属性值为 60,设置 Scale 属性值为 70;在 4 秒 01 帧处设置 Brightness 属性值为 30;在 5 秒 05 帧处设置 Position XY 属性值为 688,296,设置 Brightness 属性值为 10;在 6 秒 17 帧处设置 Brightness 属

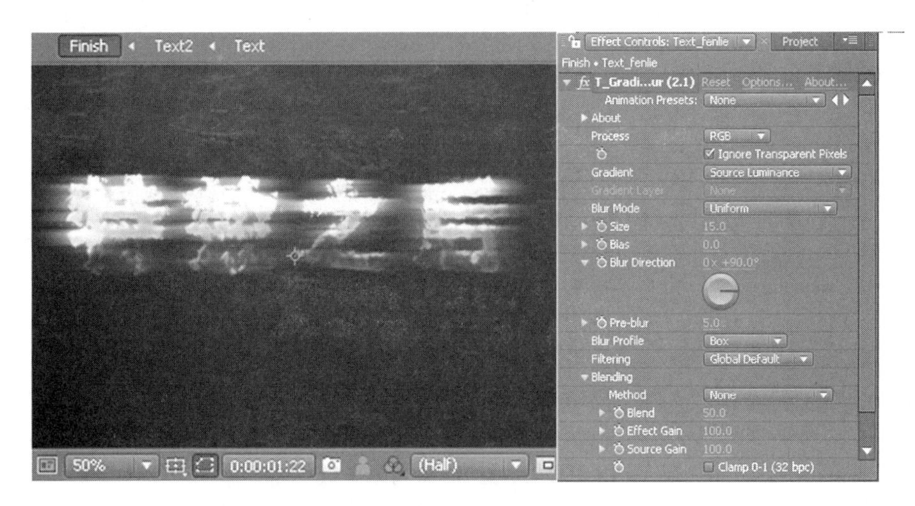

图 5-41　切断图层

图 5-42　设置 Optieal Flares 特效参数

性值为 0,设置 Scale 属性值为 0,如图 5-43 所示。

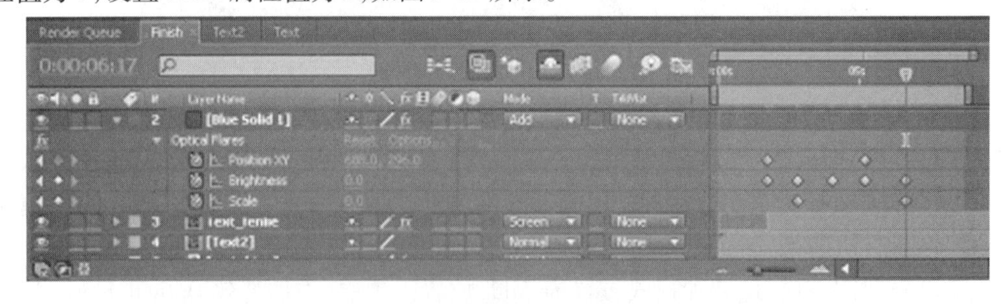

图 5-43　设置关键帧动画特效参数

(26)到此本教程讲解完毕,最终效果如图 5-44 所示。

(27)如果你不喜欢蓝色的效果,你可以添加一个调节层,然后添加 Hue/Saturation 特效进行夜色调整,达到你喜欢的效果,如图 5-45 所示。

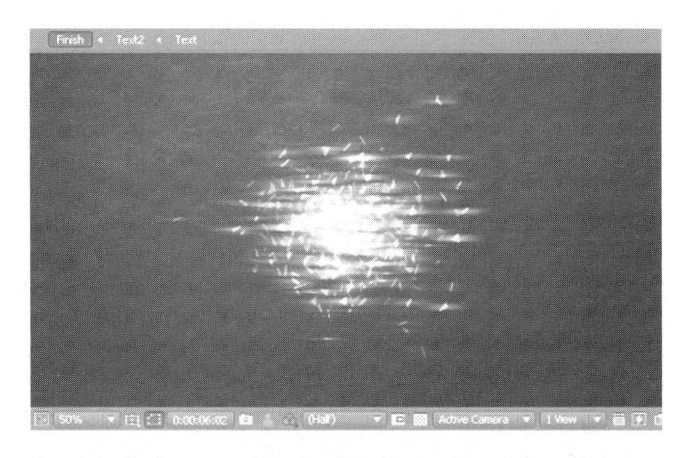

图 5-44 最终效果

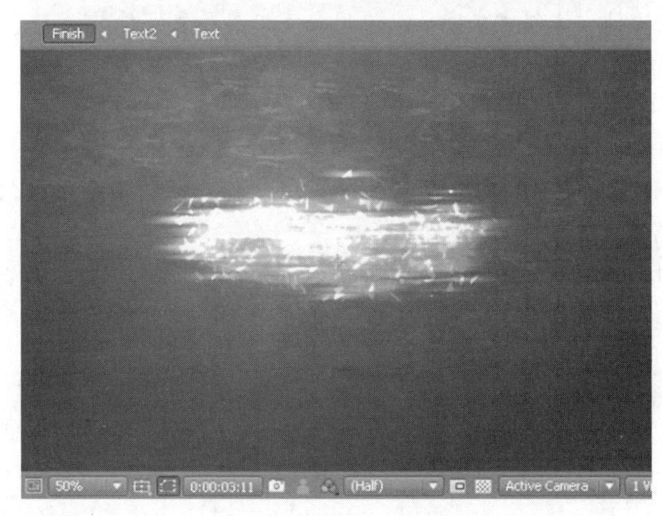

图 5-45 调整特效效果

本项目小结

首先主要介绍了文字特效的制作步骤，After Effects CS4 中制作一般文字和 Path(路径)文字的方法。

通过 Text 层和案例介绍讲解了文字特效的制作步骤。After Effects 软件可以通过时间轴关键帧将文字的制作过程和赋予特效的过程记录为动画,并应用于影视制作中。

习　题

1. 用文字工具单击文字层的文字区域会使文字层进入编辑状态,那么如何使用文字工具在文字层上方建立一个新的文字层呢?(　　)

A. 在合成窗口,按住 Ctrl 键,鼠标单击文字层

B. 在合成窗口,按住 Shift 键,鼠标单击文字层

C. 在合成窗口,按住 Alt 键,鼠标单击文字层

D. 在合成窗口,鼠标双击文字层

2. After Effects 是否可以对 PSD 格式的文字图层进行再编辑?(　　)

A. 可以直接使用文字工具进行编辑,就像编辑 After Effects 本身的文字层

B. 需要对 PSD 格式的文字图层应用 Convert To Editable Text 菜单命令转化之后方可使用文字工具进行编辑

C. After Effects 可以支持 Photoshop CS 文件中的段落文字和路径文字

D. 由于导入的时候,会对 PSD 格式的文字图层进行栅格化,所以无法进行再编辑

3. 对于在 After Effects 里创建文字描述正确的是(　　)。

A. 可以通过两种方法创建文字——使用文字工具和文字特效

B. 文字工具既可以创建横排文字也可以创建竖排文字

C. 只可以通过文字工具来创建文字,特效中不包含文字特效

D. 只可以通过文字特效来创建文字,没有文字工具

4. 如图 5-46 所示,在 After Effects 中,为文字制作渐隐的动画效果,需要对其 Range Selector 的什么属性设置关键帧?(　　)

A. 只需对 Start 属性设置关键帧

B. 只需对 End 属性设置关键帧

C. 只需对 Offset 属性设置关键帧

D. 需要对 Start、End 和 Offset 三个属性分别设置关键帧

图 5-46 习题 4 图

项目六 After Effects 中的视频特效应用

【学习要点】

理解 After Effects CS4 中视频特效添加方法

掌握 Shatter 特效

掌握 Roughen Edges 特效

掌握 Hue/Saturation 特效

任务一 After Effects CS4 视频处理特效

After Effects CS4 中内置了丰富的视频处理特效,这些特效几乎涵盖着视频调节的所有方面。所以,After Effects 处理视频的功能非常强大,再加上 After Effects 强大的时间轴关键帧动画功能,使得它处理视频具有得天独厚的优势,并且得心应手,下面通过几个典型特效掌握它的视频处理特效。

一、Shatter(碎片)特效

爆炸效果是视频后期处理中比较常用的一种特效。由于现实中的爆炸具有一定的危险性,同时拍摄记录也较为困难,所以影视制作中的爆炸效果一般都是通过后期特效工具制作完成的。模拟现实场景中的爆炸效果基本要求有两项:一项是爆炸光效要仿真,另一项是爆炸的碎片要仿真。After Effects 中的 Shatter 特效就是通过视频碎片模拟仿真的一种效果,可以与爆炸效果恰当地合成,生成具有较好视觉效果的爆炸效果。

Shatter(碎片)特效的属性面板如图 6-1 所示。下面简要介绍 Shatter 属性面板上的几个比较重要的参数设置。

View(视图)选项下拉列表框中包含各种预览质量不同的预览效果,其中 Render(渲染)效果为质量最好的预览效果,可以实现参数操作的实时预览。此外,还有各种形式的线框预览方式,选择不同的预览方式不影响视频特效渲染结果,可以根据计算机硬件配置选择合适的预览方式。

Shape(形状)选项是控制和调整爆炸后碎片形状的属性。Pattern(式样)中包括各种形状的选项,再根据效果选择合适的爆炸后的碎片形状。此外,还可以调整爆炸碎片的循环、方向、原始点位置和厚度等参数,相关知识在后面的实例中会详细讲解。Force 1 和

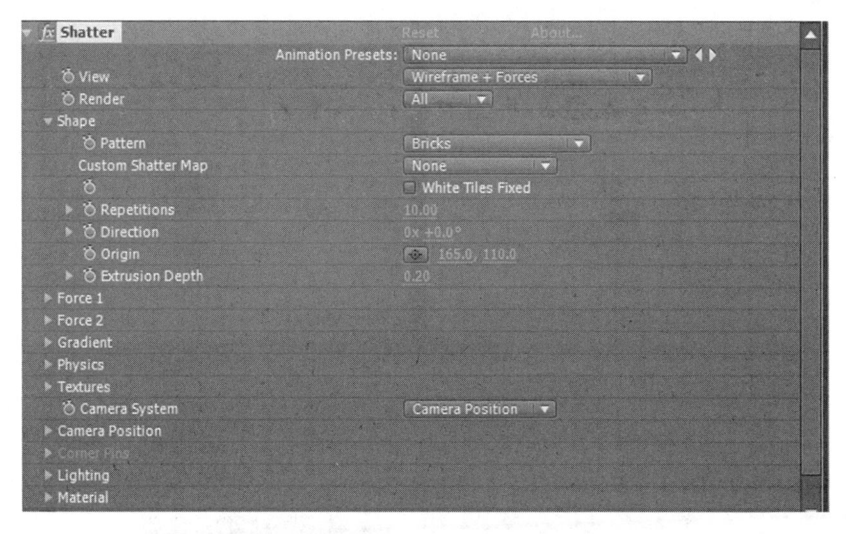

图 6-1 Shatter(碎片)特效的属性面板

Force 2 是调整爆炸碎片脱离后的受力情况的属性,包括位置、深度、半径和力度等参数。Physics(物理)属性包括碎片的旋转速度、轴向、随机系数和重力等参数,这也是调整爆炸碎片效果的一项很重要的属性。在后面的实例制作中,会结合预览效果深入地讲解。

除此之外,Shatter 属性面板中还包括 Textures(纹理)、Camera Position(摄像机视角)、Lighting(光线)和 Material(材质)等高级参数调整。

在运用 Shatter 特效时,要认真研究上述各项参数,使其有机地组合,制作出所需要的视频效果。

技巧提示	Shatter(碎片)特效参数涉及的知识领域非常宽广,涵盖着光学、力学、纹理和材质等高级功能,在学习过程中要结合具体效果进行调整应用。

二、Roughen Edges(粗糙边缘)特效

Roughen Edges(粗糙边缘)特效属于视频风格化特效的一种。通过执行 Effect(特效)→Stylize(风格化)→Roughen Edges(粗糙边缘)命令进行添加,如图 6-2 所示。

添加后,弹出该视频的 Effect Control 窗口,其 Roughen Edges 属性如图 6-3 所示。

下面简单介绍 Roughen Edges 属性面板各项参数的含义和作用。Border(边)值是决定和控制视频边缘粗糙值的参数,数值越大,边缘越粗糙;Edge Sharpness(边缘锐度)是调整边缘锐利程度的参数;Fractal Influence(不规则影响度)是调整边缘形状随机性的参数;Scale(缩放)值是调整边缘缩放程度的参数;Stretch Width or Heigh(宽高拉伸)值是调整边缘在水平和竖直方向上的拉伸度,数值为正时,则横向拉伸,数值为负时,则纵向拉伸;Offset(Turbulence)值是调整边缘偏移度的参数;Complexity(复杂度)是调整边缘复杂程度的参数;Evolution (渐进)值是调整边缘走向的参数;Evolution Options(渐进选项)中有一项 Random Seed(随机数值)是调整边缘走向随机性的参数。这些参数要结合彼此进行综合调整,这样才能达到动画设计中所需要的效果。

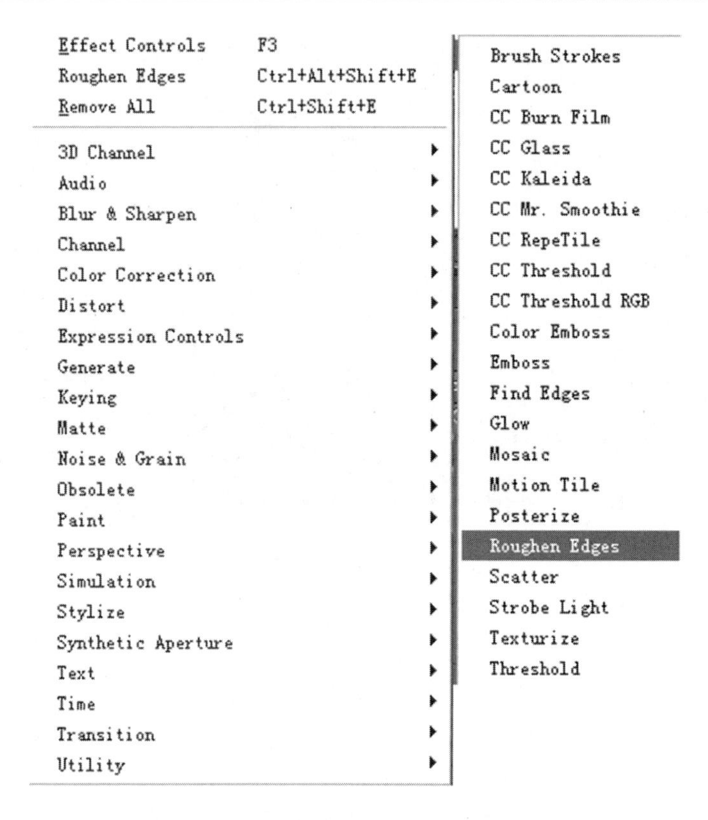

图 6-2　执行 Roughen Edges 命令

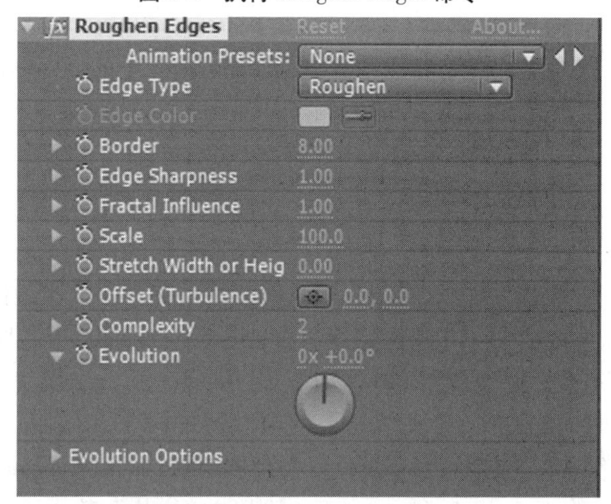

图 6-3　Roughen Edges 特效属性面板

三、Hue/Saturation 特效

Hue/Saturation 特效是 After Effects 内置的色彩校正特效之一。在校正视频色调过程中可以通过调整颜色通道、色彩环、饱和度、亮度和色彩化参数调整视频的色调，使其更加自然和真实。

在 After Effects 软件中调整视频色调时，在时间轴视窗中选中当前视频层，单击鼠标右键，在弹出的快捷菜单中执行 Effect(效果)→Color Correction(色彩校正)→Hue/Saturation(色调/饱和度)命令，如图 6-4 所示，可为当前视频添加 Hue/Saturation 特效。

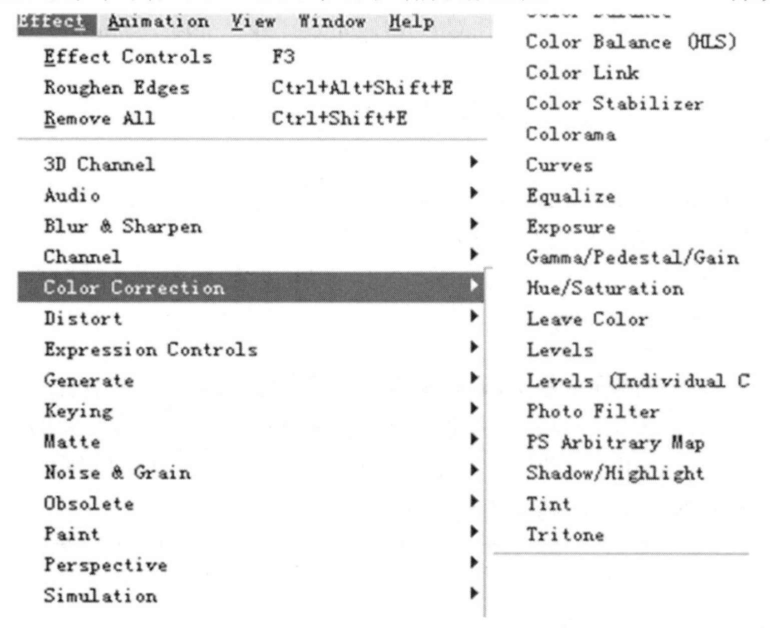

图 6-4　执行 Hue/Saturation

下面介绍一下 Effect Control(特效控制)窗口中 Hue/Saturation 特效面板上的各项参数的含义和调整方法，如图 6-5 所示。

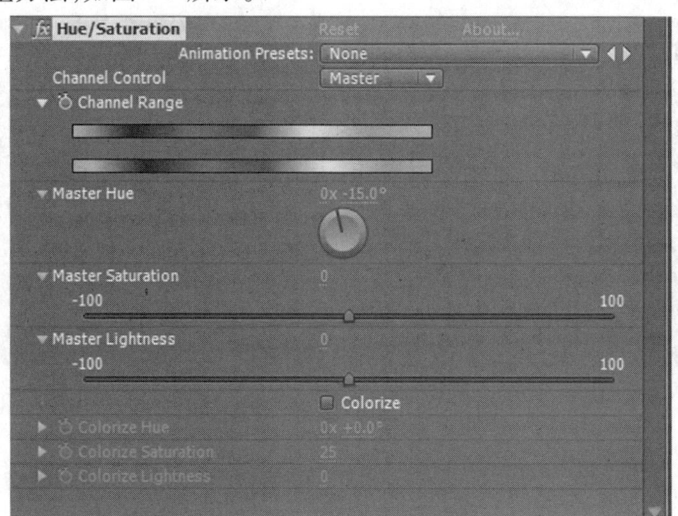

图 6-5　Hue/Saturation 属性面板

Channel Control(通道控制)是调整特效颜色通道的参数，在其下拉列表框中设置了 7 种颜色通道，实际应用中可以根据视频处理效果要求选择合适的颜色通道模式。

Channel Range(通道范围)是自定义当前颜色通道的选项，通过滑块可以选择合适的颜色通道。

Green Hue(绿色色度)是一个浮动选项，当选择 Channel Control 为 Red 时，此项就会成为 Red Hue，即控制颜色色度的选项。

Green Saturation(绿色饱和度)和 Green Lightness(绿色亮度)与 Green Hue 一样，也是一个浮动选项，调整色彩的饱和度和亮度。

Colorize Hue(彩色化色度)是调节视频彩色化色度的选项，通过颜色环的调节可以获得各种颜色。

Colorize Saturation(彩色化饱和度)和 Colorize Lightness(彩色化亮度)是调整视频彩色化处理中的色彩饱和度和亮度的参数。

通过上述参数的调节，Hue/Saturation 特效可以很自然地调节视频色调，从而实现修正视频白平衡及特殊创意的效果。

技巧提示	任何物体都有色温，这就要求摄像机等视频采集工具在记录大千世界的事物时，要准确还原其本色，这就是视频的白平衡调节。而 Hue/Saturation 特效就是用于调节视频白平衡的特效工具，同时也可以根据意境要求制作出具有特殊韵味的影视色调效果。

任务二　Shatter(碎片)特效应用实例——视频爆炸

本任务制作完成后的预览效果如图 6-6 所示。

 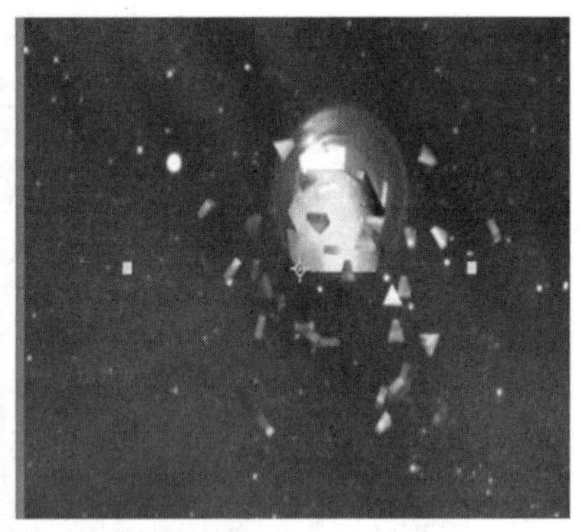

图 6-6　Shatter(碎片)特效效果

一、制作过程分析

本实例为一段视频素材中的添加 Shatter(碎片)特效，配合我们前期制作的爆炸效果，制作完成一段模拟视频爆炸效果的视频片段。

制作过程梗概为：

(1)前期准备素材。选择一段视频素材，通过 Illustration 或者 3ds max 软件制作爆炸的光效粒子序列。

（2）导入素材，添加和调整特效。导入视频片段和爆炸光效序列，在 After Effects 中通过执行 Effect（特效）→Simulation（仿真）→Shatter（碎片）命令，为视频添加爆炸效果，并根据需要调整爆炸的位置、范围和粒子属性等参数。

（3）为特效赋予动画。配合 Shatter 参数和时间轴动画，为调整好的 Shatter 特效赋予动画。

二、详细步骤

（1）按 Ctrl + Shift + N 组合键，新建一个项目，再按 Ctrl + N 组合键，新建一个 Composition（合成影像），命名为“视频爆炸效果”，制式设定为 NTSC DV 制式，比率设置为 D1/DV NTSC（0.91），时间长度设置为 10 秒，如图 6-7 所示。

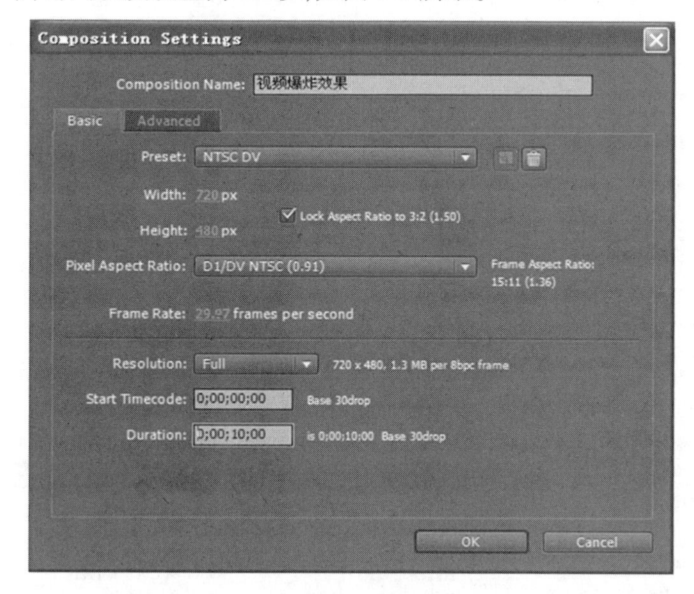

图 6-7　新建合成

（2）按 Ctrl + I 组合键，导入素材“星空视频. avi”和爆炸序列，如图 6-8 所示。

技巧提示	导入序列时，要注意选择 PNG Sequence 项。

（3）将“星空视频. avi”拖曳到时间轴视窗中，选中“星空视频. avi”层，单击鼠标右键，在弹出的快捷菜单中执行 Effect（特效）→Simulation（仿真）→Shatter（碎片）命令，为当前层添加 Shatter 效果，如图 6-9 所示。

此时，预览效果如图 6-10 所示。下面调整 Effect Control 面板上的 Shatter 属性。

（4）调整视图预览方式为 Rendered（渲染）模式，这样可以实时地观看调整效果，如图 6-11所示。此时，预览效果如图 6-12 所示。

（5）调整 Shatter 特效渲染预览效果。

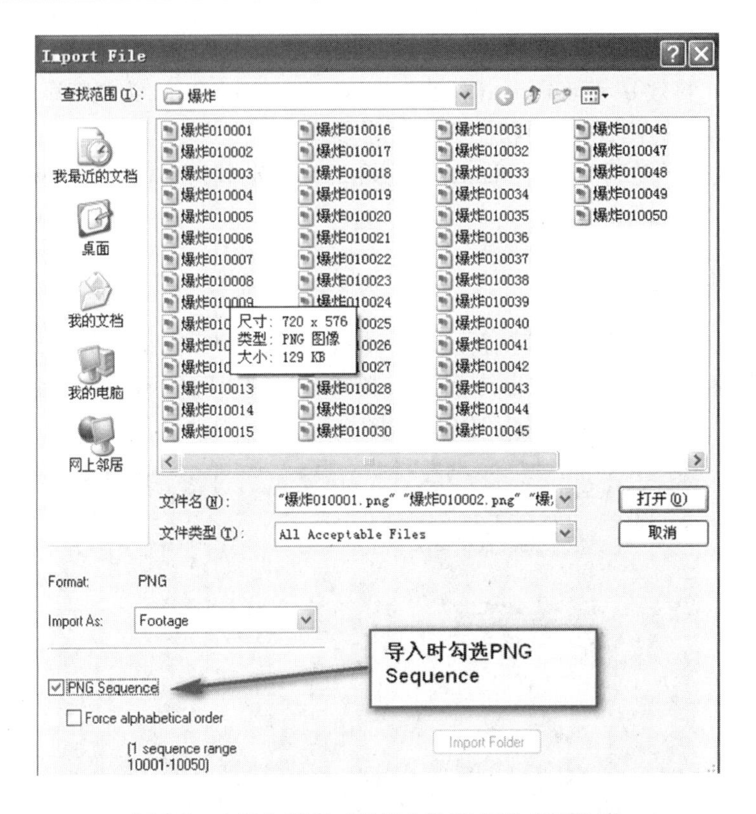

图 6-8 在导入选项对话框中选择 PNG 序列选项

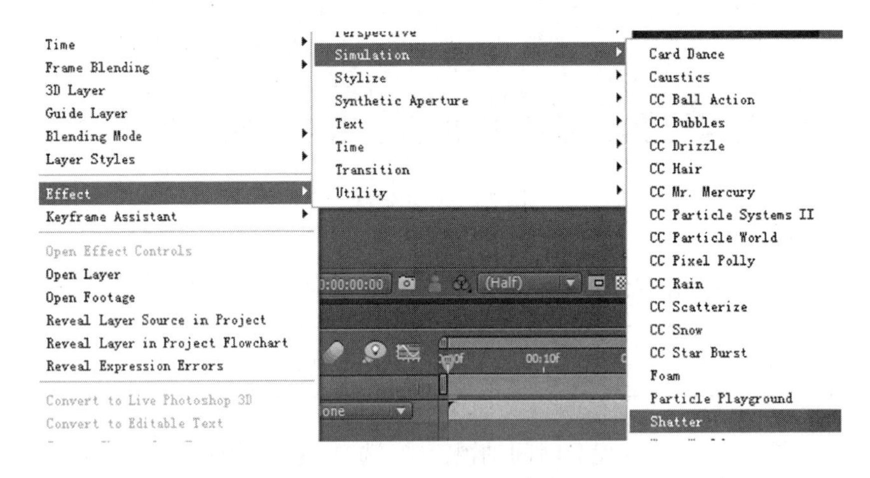

图 6-9 执行 Shatter 命令

调整 Shape(形状)选项下的 Pattern(样式)为 Triangles 1(三角形 1),并调节 Repetitions(循环)值为 32.70,如图 6-13 所示。此时,预览效果如图 6-14 所示。

(6)调整 Force 1 和 Force 2 的数值,其中的 Position(位置)决定着爆炸效果发生的中心点位置,默认状态下为视频的中心点,这里可以通过调整数值改变中心点位置。Radius

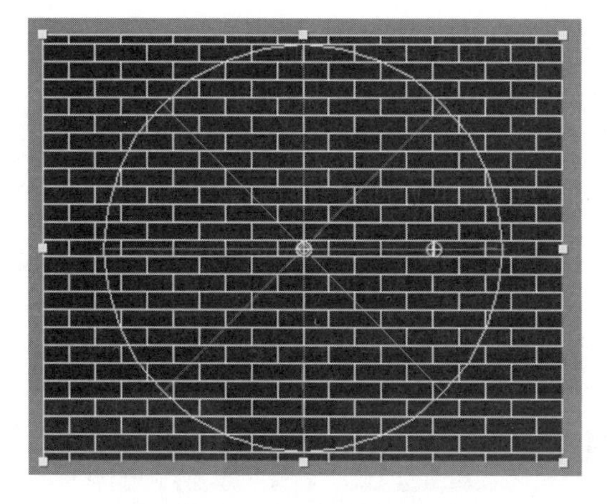

图 6-10 Shatter 特效的预览效果

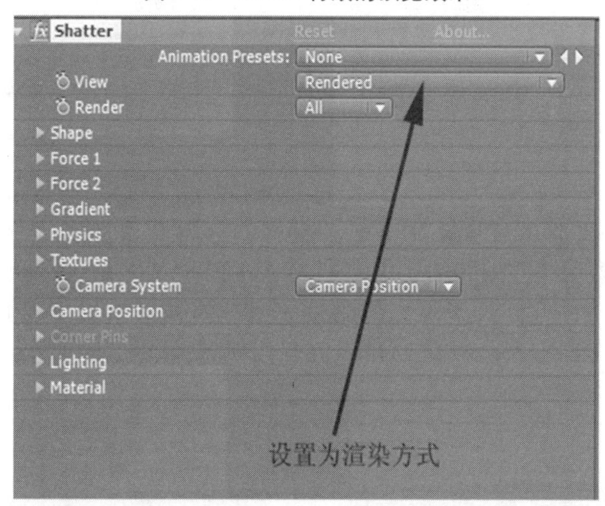

图 6-11 Shatter 视图预览方式为 Rendered(渲染)模式

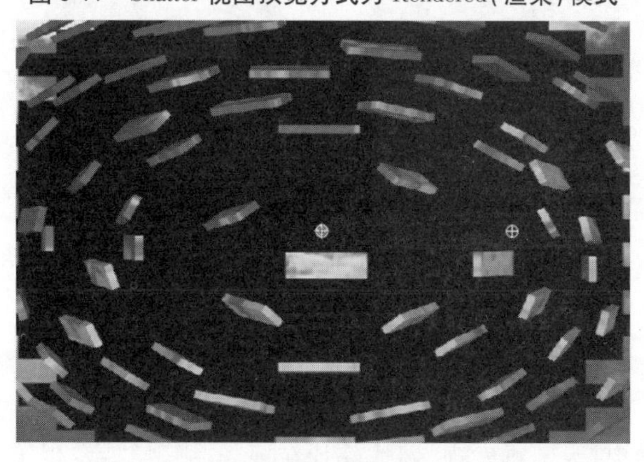

图 6-12 预览效果

(半径)决定着爆炸效果的爆炸范围,数值越大,范围越大。Strength(力度)值决定着爆炸效果发生的力量和速度,数值越大,力量感越强。本实例中调整的数值如图 6-15 所示。

Shatter
Animation Presets: None
View
Rendered
Render
All
Shape
Pattern
Triangles 1
Custom Shatter Map
None
White Tiles Fixed
Repetitions
Direction
Origin
Extrusion Depth
Force 1
Force 2
Gradient
Physics
Textures
Camera System
Camera Position
Camera Position
Lighting
Material

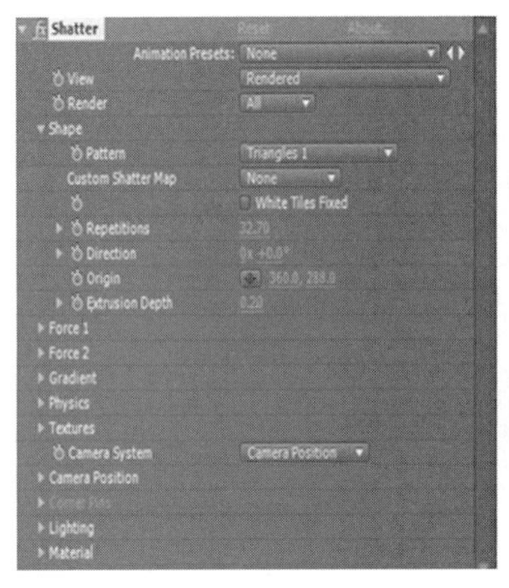

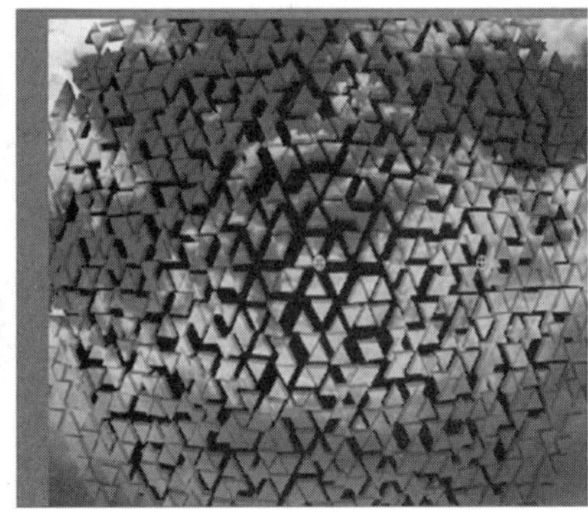

图 6-13　设置参数

图 6-14　设置后的效果

(7)调整 Physics 选项的数值参数,其中 Rotation Speed(旋转速度)是控制爆炸碎片选择速度的参数,数值越大,速度越大。Randomness(随机参数)是控制爆炸碎片飞出后的随机性的参数,通过随机系数的调整,可以使爆炸效果更真实。Physics 项的参数设置如图 6-16 所示。

技巧提示	动画制作要尊重客观事实和事物的一般发展规律,不能背离客观事实。本实例中调整 Physics 选项的参数,包括 Rotation Speed(旋转速度)和 Randomness(随机系数),目的是使视频爆炸效果更加逼真,更加遵循爆炸效果的客观规律,所以这几项参数是视频爆炸效果的精髓,要仔细揣摩,加以掌握。

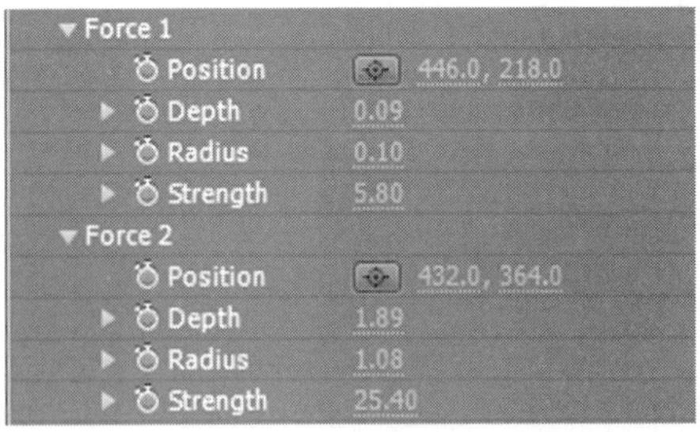

Force 1
Position 446.0, 218.0
Depth 0.09
Radius 0.10
Strength 5.80
Force 2
Position 432.0, 364.0
Depth 1.89
Radius 1.08
Strength 25.40

图 6-15　Force 1 和 Force 2 参数设置

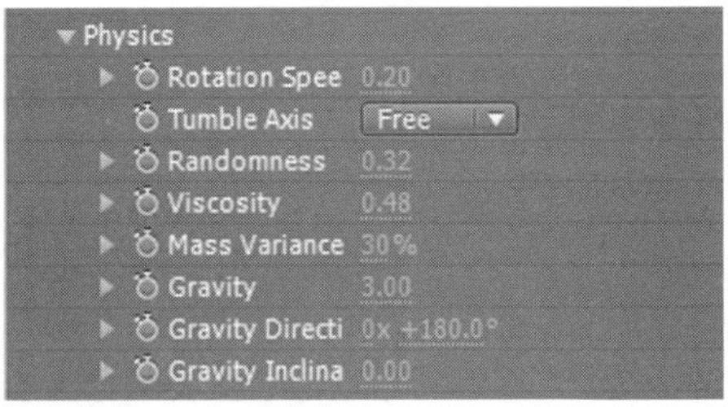

Physics
Rotation Spee 0.20
Tumble Axis Free
Randomness 0.32
Viscosity 0.48
Mass Variance 30%
Gravity 3.00
Gravity Directi 0x +180.0°
Gravity Inclina 0.00

图 6-16　Physics 项参数设置

调整 Force 1 和 Force 2 的数值。

调整 Physics 选项的参数。

参数调整完毕,最终预览效果如图 6-17 所示。

(8)参数调整结束后,不难发现,爆炸碎片在视频一开始就发生了,但要求是希望在 2 秒处开始爆炸,可以在时间轴视窗中设置关键帧来实现,在 Force 1 和 Radius 项 0 秒、1 秒、2 秒处设置了 3 个关键帧,Radius 数值分别调整为 0、0、0.10。

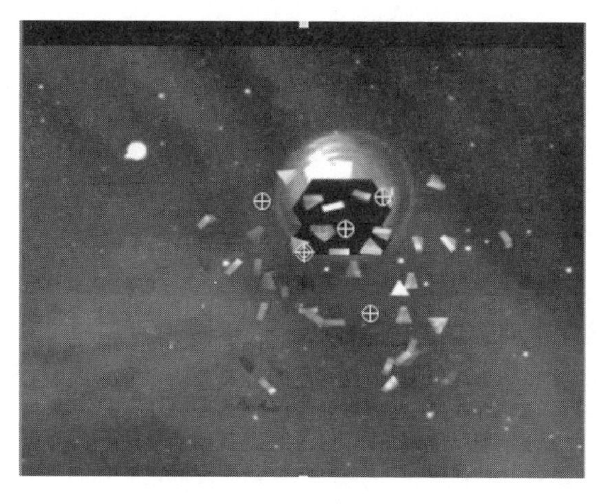

图 6-17 设置后的效果

技巧提示	After Effects 中，任何特效的参数调整都可以画立码表打点来记录关键帧，这使得软件强大的特效动起来，从而增加作品的生动性，这也是 After Effects 软件的优势。在学习下面的特效过程中，读者要紧密结合时间轴关键帧动画设置与特效本身的属性进行关联学习和理解。

(9)将 Project 视窗中的爆炸效果素材“爆炸[0100 – 0050]. png”拖至时间轴视窗中，拖放在如图 6-18 所示的位置，并在 2.5 ~ 3.5 秒处设置 Opacity 不透明度动画关键帧，使得光效消失更自然。

图 6-18 时间窗口

至此，爆炸效果动画调整完毕，最终效果如图 6-19 所示。

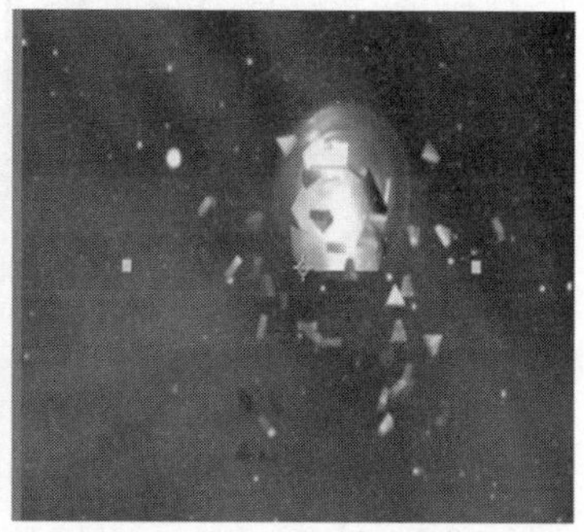

图 6-19 最终效果

技巧提示	本任务实例所演示的视频爆炸效果是影视后期特效制作中经常用到的，通过本例的学习，会初步感受到 After Effects 强大的视频特效处理功能。本例中涉及的 Shatter 特效是 After Effects 中比较重要的一个特效，它不仅应用于视频爆炸的生成，还与 After Effects 中其他的特效（特别是粒子特效）配合广泛应用于片头制作和动画制作中。所以，Shatter 特效在 AE 视频、动画中的重要性不言而喻。Shatter 特效也包括下面章节中提到的特效应用中的重中之重和难点参数的设置。Shatter 特效属性面板中的参数很多，包括基本的形状和受力参数等，也包括摄像机、灯光和材质等高级参数。

任务三　Roughen Edges 特效应用实例——动漫欣赏

本任务制作完成后的预览效如图 6-20 所示。

图 6-20　Roughen Edges 特效案例——动漫欣赏

一、制作过程分析

本任务动画制作过程中涉及 3 个方面的知识点，分别为时间轴动画、Roughen Edges（粗糙边缘）特效应用和 Linear Wipe 专场效果应用。

制作过程概述为：

（1）素材准备。根据动画设计的要求，通过 Photoshop 软件制作完成文字和背景，然后选择一段动画片视频作为动画中的动态视频。

(2)导入素材,添加和调整特效。导入文字和背景素材,以及视频片段,在 After Effects 时间轴上调整层的顺序,再执行 Effect(特效)→Stylize(风格化)→Roughen Edges(粗糙边缘)命令,以及 Effect(特效)→Transition(转场)→Linear Wipe(线性擦除),为视频添加粗糙边缘特效和线性擦除转场,并根据所需要调整特效属性参数。

(3)制作动画。在时间轴视窗和特效属性面板中制作文字分开和视频擦出的动画。

二、详细步骤

(1)按 Ctrl + Shift + N 组合键,新建一个项目,再按 Ctrl + N 组合键,新建一个 Composition(合成影像),命名为"笔刷视频效果",制式设定为 NTSC DV 制式,比率设置为 D1/DV NTSC(0.91),时间长度设置为 10 秒,如图 6-21 所示。

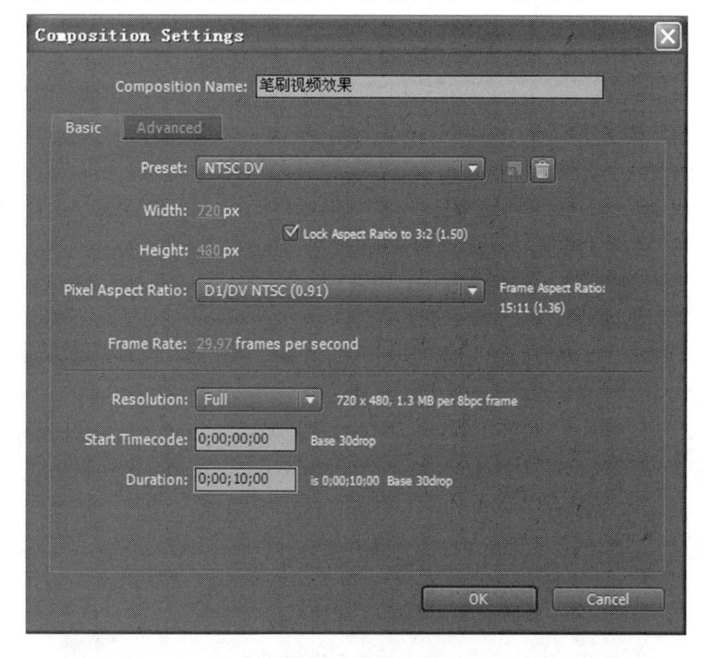

图 6-21 新建合成

(2)按 Ctrl + I 组合键,导入素材"背景素材 . psd"和"视频素材 . avi",如图 6-22 所示。

技巧提示	在导入"背景素材 . psd"时,要选择 Import As 选项为 Composition 合成模式,否则就会把 PSD 素材的图层合并导入。

(3)将素材拖至时间轴视窗中,调整素材所在层的顺序如图 6-23 所示。此时,预览效果如图 6-24 所示。

(4)关闭文字所在的层,调整视频素材层的位置如图 6-25 所示,预览效果如图 6-26 所示。

下一步即可运用 Roughen Edges 处理的视频片段。

图 6-22　导入 PSD 素材

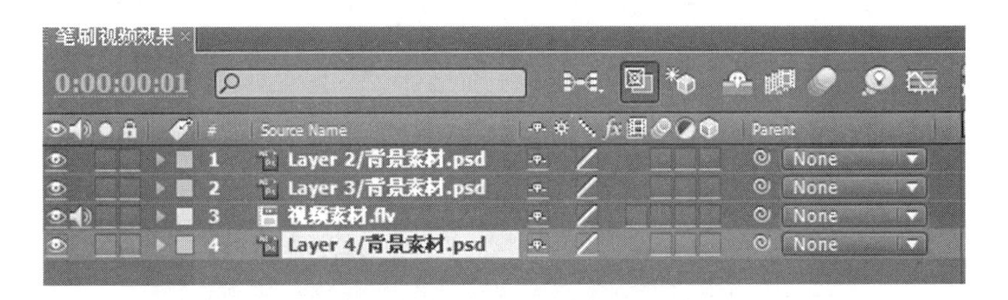

图 6-23　调整素材所在层的顺序

图 6-24　合成窗口的预览效果

图 6-25 关闭文字层

图 6-26 关闭文字层的合成窗口

(5)选择"视频素材.avi"层,单击鼠标右键,在弹出的快捷菜单中执行 Effect(特效)→Stylize(风格化)→Roughen Edges(粗糙边缘)命令,如图 6-27 所示。

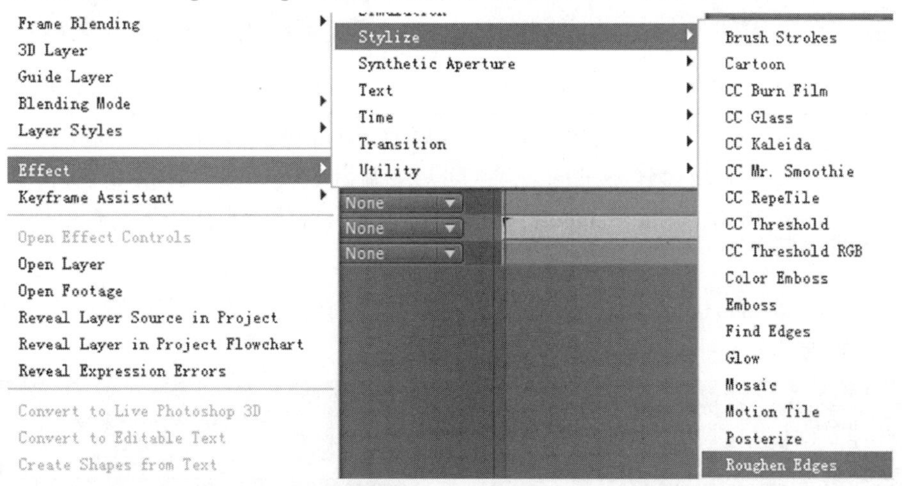

图 6-27 执行 Roughen Edges(粗糙边缘)命令

(6)在"视频素材.avi"层的 Effect Control 面板中出现了 Roughen Edges 属性选项,如图 6-28 所示调整 Roughen Edges 属性选项参数完毕后,预览效果如图 6-29 所示。

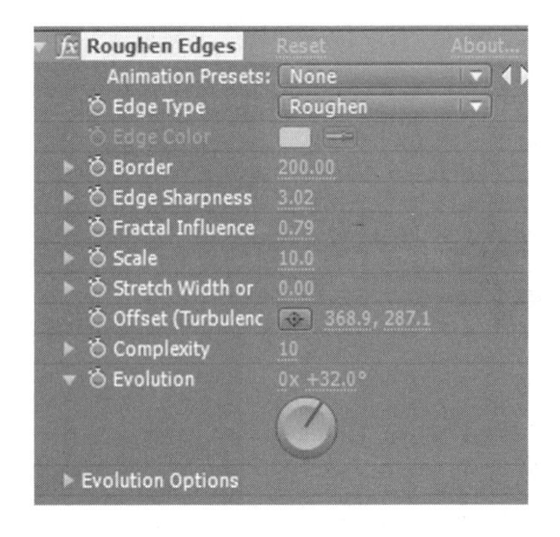

图 6-28　调整 Border 值为 200. 00

图 6-29　调整 Border 值后的预览效果

(7)调整 Stretch Width or Heigh(宽高拉伸)值为 100. 00,横向拉伸;Offset 值为 141. 0,4 940. 0;如图 6-30 所示。调整完成后,预览效果如图 6-31 所示。

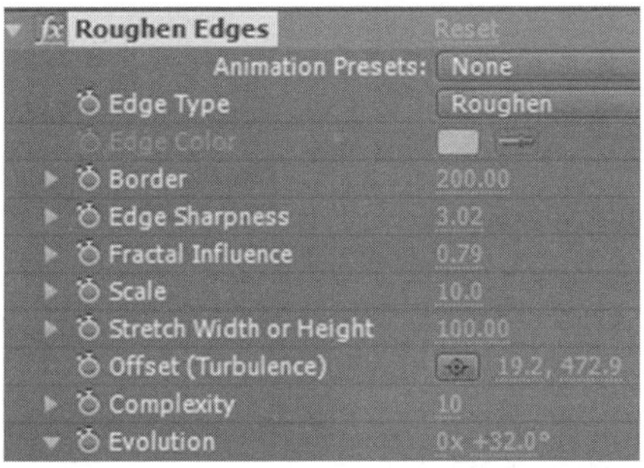

图 6-30　调整 Stretch Width or Heigh 值为 100. 00

图 6-31　调整后的效果

技巧提示	在调整 Stretch Width or Heigh 值时,用滑块调节最大值只能到 5. 00,显然,这不能达到要求的效果,又无法调得更大。在这种情况下,可直接在 Stretch Width or Heigh 后面的数值框双击,直接输入比较大的数值即可。

(8)调整 Complexity 值为 10,使其增大视频粗糙边缘的复杂程度和颗粒度。参数调整如图 6-32 所示。此时,预览效果如图 6-33 所示。

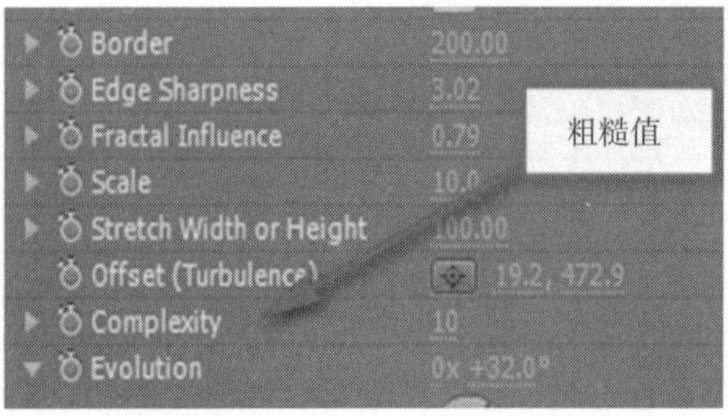

图 6-32　调整 Complexity 值为 10

图 6-33　调整 Complexity 值为 10 后的效果

技巧提示	调节过程中要参考上一步的调节方法，即直接在 Complexity 后面的数值框双击输入 10。

(9)尝试过上述参数设置之后，结合参数之间的相互影响关系，对特效属性参数进行进一步的调整，最终参数如图 6-34 所示。Roughen Edges 属性参数调整完毕后，预览效果如图 6-35 所示。

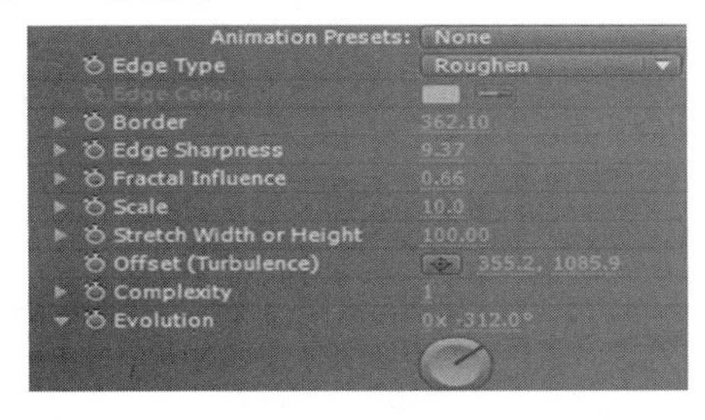

图 6-34 综合调整

图 6-35 综合调整后的效果

(10)下面在时间轴视窗中调整视频的形状、倾斜方向和位置，具体的参数调整如图 6-36所示。此时，预览效果如图 6-37 所示。

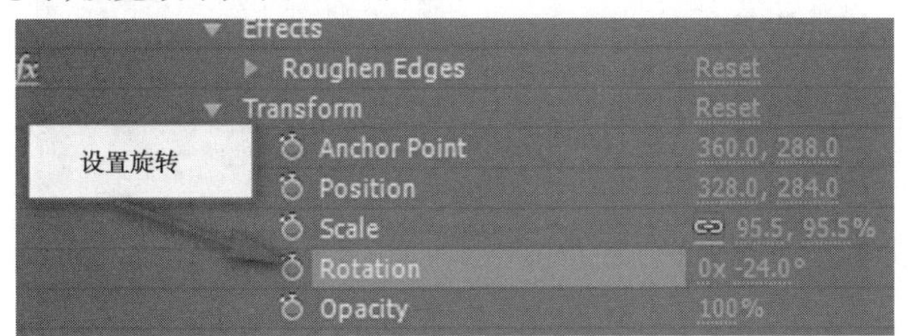

图 6-36 倾斜方向

图 6-37 设置旋转后的效果

(11)选择"视频素材 . avi"层，单击鼠标右键，在弹出的快捷菜单中执行 Effect(特效)→Transition(转场)→Linear Wipe(线性擦除)命令，为视频素材添加一个线性转场，如

图6-38所示。

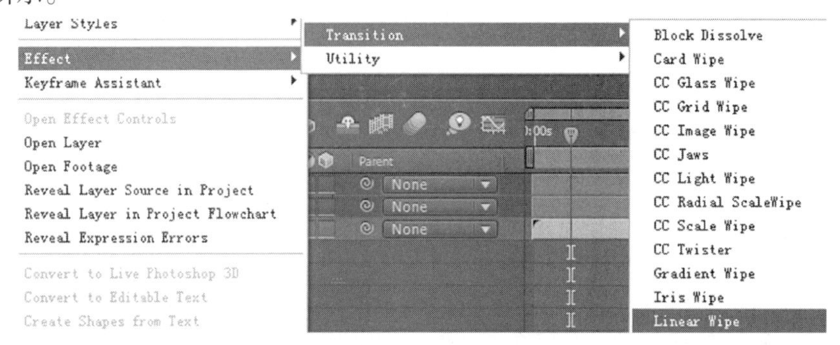

图6-38　执行线性转场命令

(12)调整"视频素材.avi"层的Effect Control面板的Linear Wipe选项,其中的Transition Completion选项用于控制线性转场的完成程度,Wipe Angle(擦除角度)用于控制擦除的角度,Feather(羽化)值是调整擦除的边缘羽化程度的参数,线性转场参数设置如图6-39所示。此时,预览效果如图6-40所示。

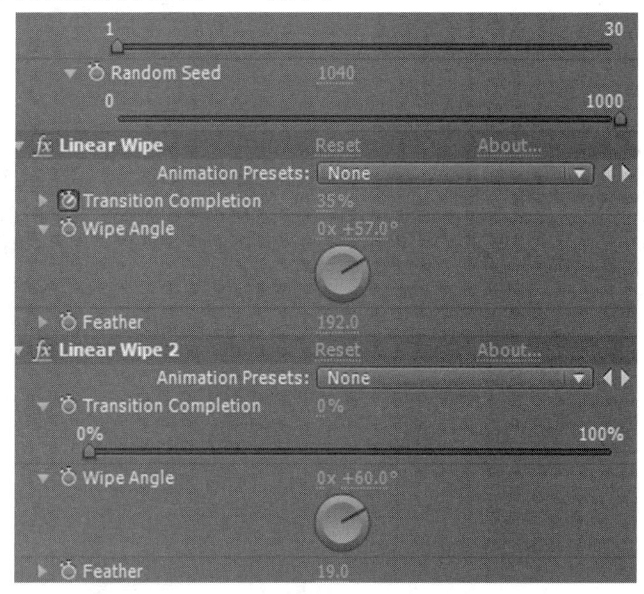

图6-39　设置线性转场参数

(13)打开"Layer 2/背景素材.psd"和"Layer 3/背景素材.psd"层,并选中两层,在时间轴视窗中按下P键,设置Position位置动画关键帧如图6-41所示。制作出文字从中间分享对角线位置的动画,预览效果如图6-42所示。

技巧提示	在时间轴视窗中,按P键,可以打开Position选项;按T键可以打开Opacity选项;按S键可以打开Scale选项。

(14)选择"视频素材.avi"层,在时间轴视窗中展开Linear Wipe属性,设置擦除关键帧,如图6-43所示。最终完成的效果截图如图6-44所示。

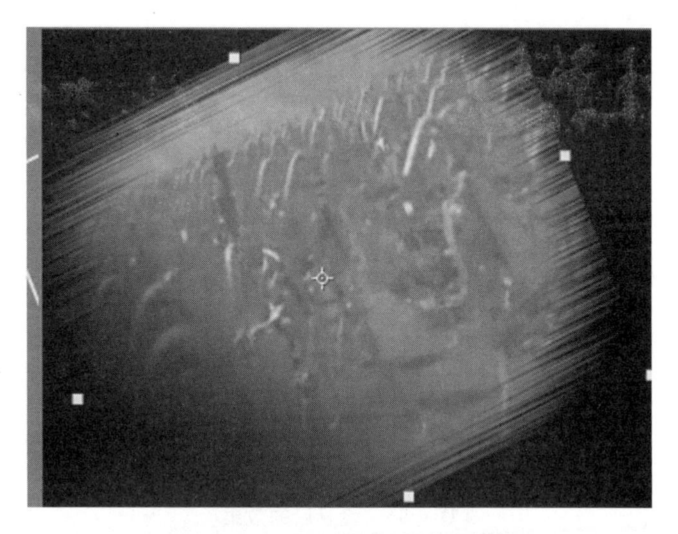

图 6-40　设置线性转场参数的效果

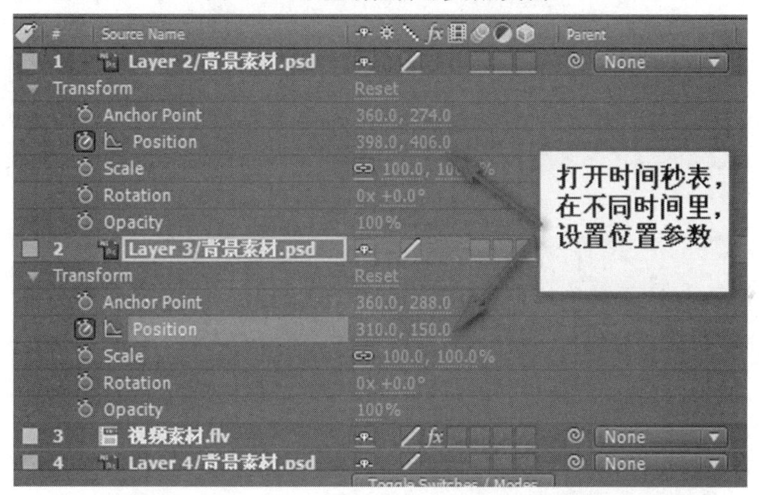

图 6-41　设置位置参数

技巧提示	本任务实例通过一个简单的视频动画讲解了 After Effects 中视频特效 Roughen Edges，以及转场特效 Linear Wipe 的应用。Roughen Edges 在视频边缘处理中的应用是非常广泛的。同时，Roughen Edges 属性面板中的各项参数不同的组合方式，可以产生出不同的视觉效果。因此，在处理画中画视频时，可以考虑 Roughen Edges 的应用。由于实例所用的知识点及篇幅所限，并没有对 Roughen Edges 面板上的各项参数进行一一尝试，读者在学习过程中可以根据设计需要进行参数的不同组合调整，从而掌握 Roughen Edges特效的功能。

动漫
欣赏

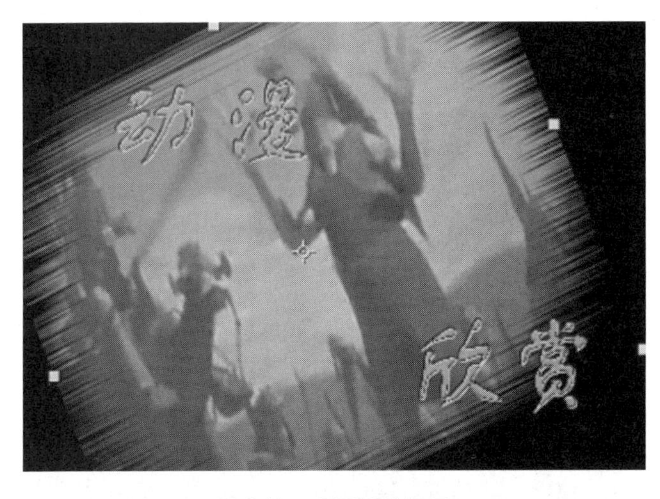

图 6-42　设置后的效果

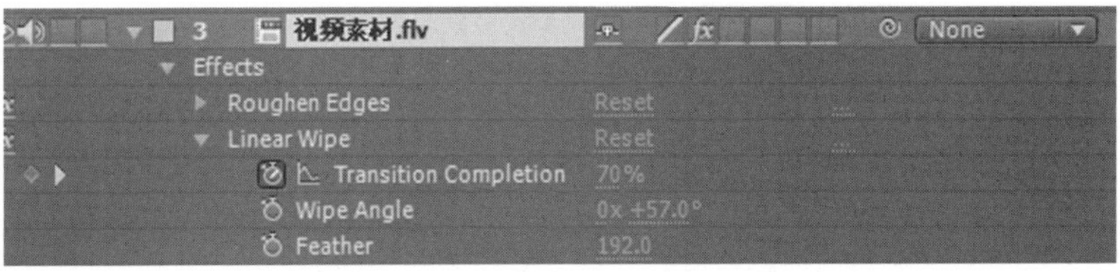
3
视频素材.flv
None
Effects
Roughen Edges
Reset
Linear Wipe
Reset
Transition Completion
70%
Wipe Angle
0x +57.0°
Feather
192.0

图 6-43　设置线性过度动画

动漫
欣赏
动漫
欣赏
动漫
欣赏
欣赏
动漫

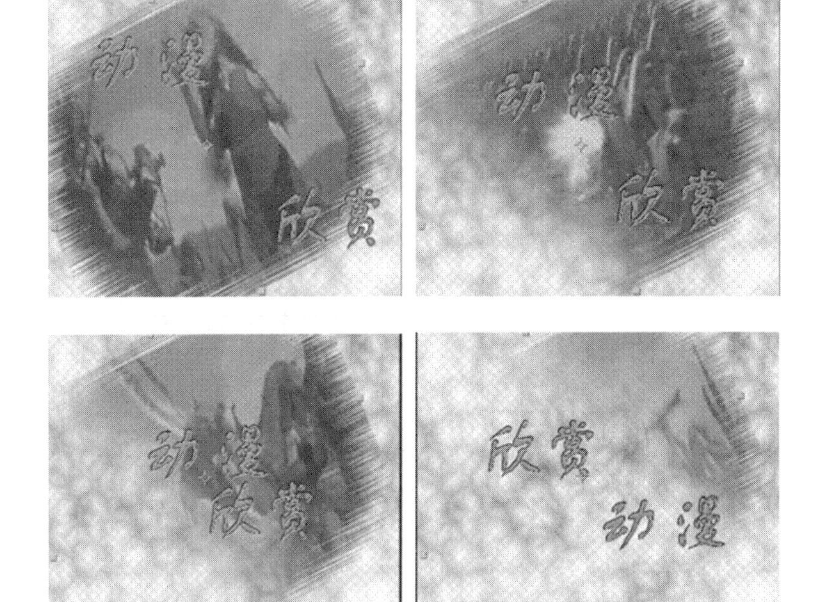

图 6-44　最终的效果

任务四 Hue/Saturation 特效应用实例——视频色调调节

本任务制作完成后的预览效果如图 6-45 所示。

图 6-45 效果

一、制作过程分析

本任务动画制作过程中，主要运用 Hue/Saturation（色调/饱和度）特效对视频片段的色调进行调节，并与原素材进行对比。

制作过程概述为：

（1）素材准备。根据设计的要求，准备两段色调鲜明的视频素材。

（2）导入素材，调整素材在时间轴视窗和合成窗口中的位置，使其并列分布在合成窗口中。

（3）为视频片段添加特效。执行 Effect（特效）→Color Correction（色彩校正）→Hue/Saturation（色调/饱和度）命令，为素材分别添加 Hue/Saturation 特效，再分别调整 Hue/Saturation 特效面板参数，制作出季节变换和夜视效果的视频。

二、详细步骤

（1）按 Ctrl + Shift + N 组合键，新建一个项目，再按 Ctrl + N 组合键，新建一个 Composition（合成影像），命名为“视频色调调节”，制式设定为 PAL D1/DV 制式，比率设置为 D1/DV PAL（1.09），时间长度设置为 10 秒，如图 6-46 所示。

（2）按 Ctrl + I 组合键，导入素材，然后在时间轴视窗中按住 Ctrl 键，选中“6 – 3. flv”和“片段 2. avi”层，按下 Ctrl + D 组合键复制两层。按住 Shift 键，单击所有的素材层，再按 S 键，打开所有层的 Scale 属性，调整至 50%，如图 6-47 所示。

技巧提示	在时间轴视窗中同时选择多层，然后单击其中一层的某一项属性时，可以同时打开所有选择层的属性。

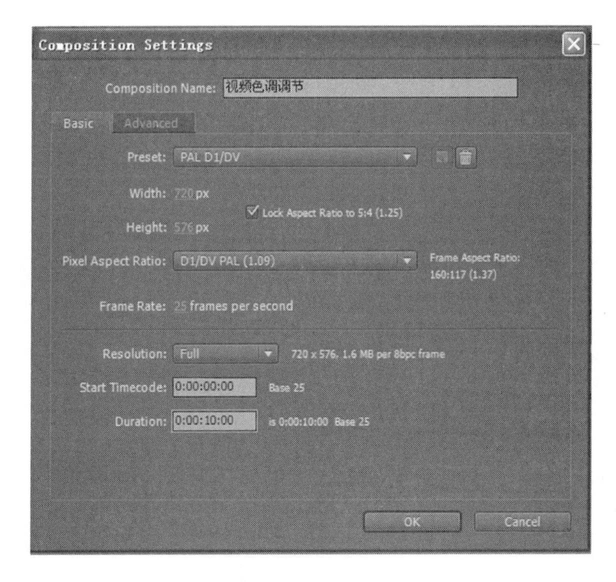

图 6-46　新建合成

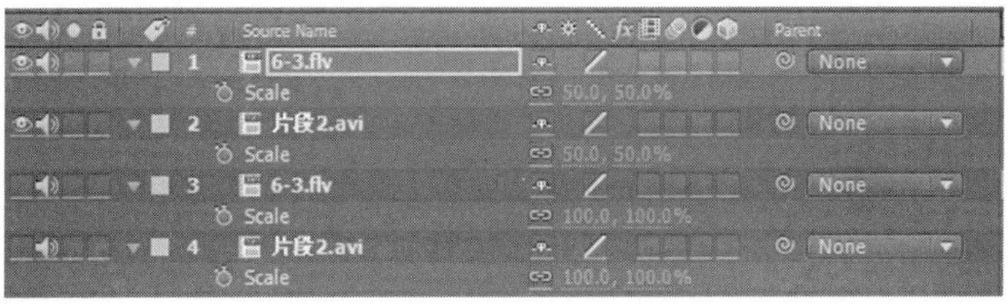

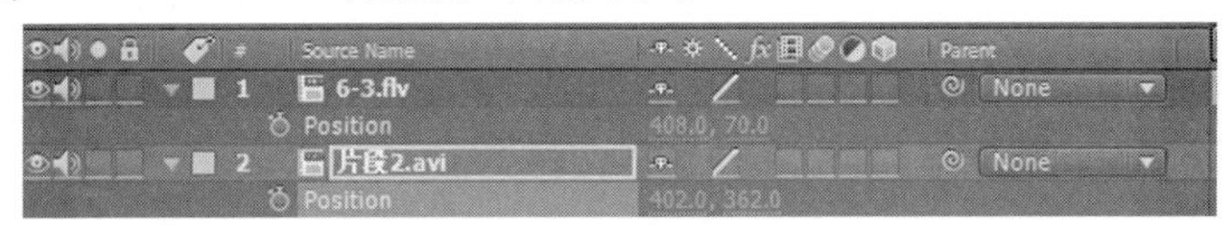

图 6-47　调整 Scale 属性

(3)在保证时间轴视窗中所有的素材层均被选中时,按 P 键,打开所有层的 Position 属性,将 Position 参数调整至如图 6-48 所示。此时完成了画中画效果的调节,如图 6-49 所示,用以进行 Hue/Saturation 特效的对比调节。

图 6-48　调整 Position 参数

图 6-49　参数设置后的效果

(4)在时间轴视窗中选中最上层的"6－3. flv"层,单击鼠标右键,在弹出的快捷菜单中执行 Effect(特效)→Color Correction(色彩校正)→Hue/Saturation(色调/饱和度)命令,如图 6-50所示,可为当前视频添加 Hue/Saturation 特效。

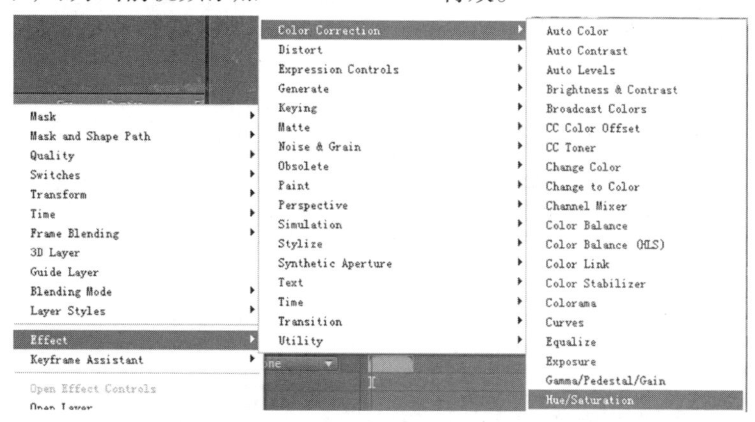

图 6-50 执行 Hue/Saturation 特效命令

(5)在 Effect Control(特效控制)窗口的 Hue/Saturation 特效面板中调整参数。首先调节 Channel Control,由于素材"6－3. flv"中基本色调为绿色,此处要调整至秋天的色调,所以 Channel Control 选择为 Green(绿色),如图 6-51 所示。

(6)在 Hue/Saturation 特效面板上调整 Green Hue 值,参数设置如图 6-52 所示,此时的预览效果如图 6-53 所示,图 6-54 为调整了 Green Hue 值之后的效果。

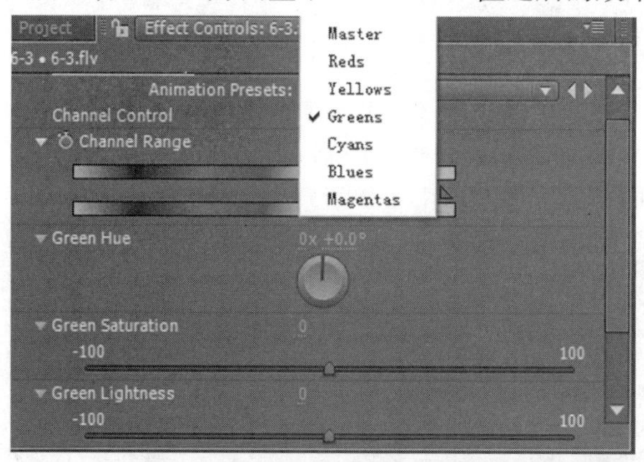

图 6-51 调整 Channel Control

图 6-52 调整 Green Hue 值

图 6-53　设置之前

图 6-54　设置之后

(7)在 Hue/Saturation 特效面板上调整 Green Saturation(绿色饱和度)和 Green Lightness(绿色亮度)值为 63 和 -11,如图 6-55 所示。

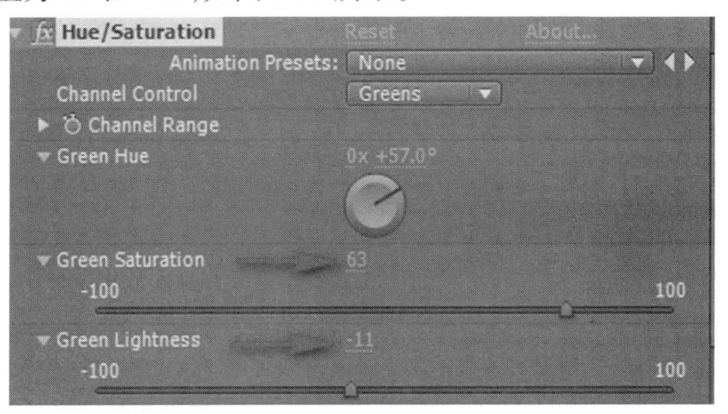

图 6-55　设置绿色饱和度和绿色亮度

(8)调整结束后,Effect Control(特效控制)窗口中 Hue/Saturation 特效面板参数设置如图 6-56 所示。此时,预览效果如图 6-57 所示。

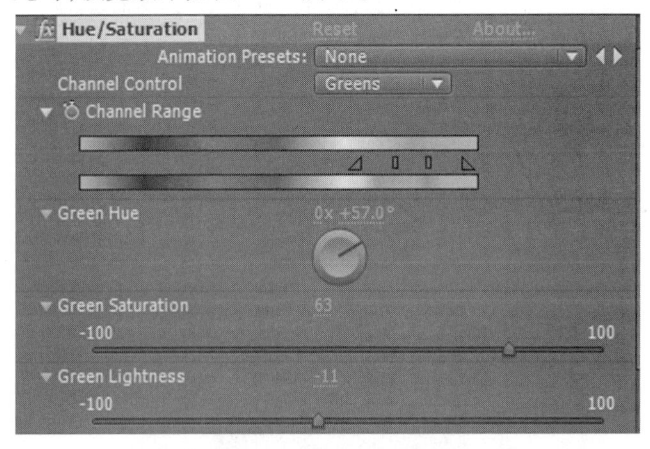

图 6-56　设置后的参数

(9)下面介绍 Hue/Saturation 特效中的 Colorize 应用。在时间轴视窗中选中上面的"片段 2. avi"层,单击鼠标右键,在弹出的快捷菜单中执行 Effect(特效)→Color Correction

图 6-57　设置后的效果

（色彩校正）→Hue/Saturation（色彩/饱和度）命令，如图 6-58 所示，可为当前视频添加 Hue/Saturation 特效。

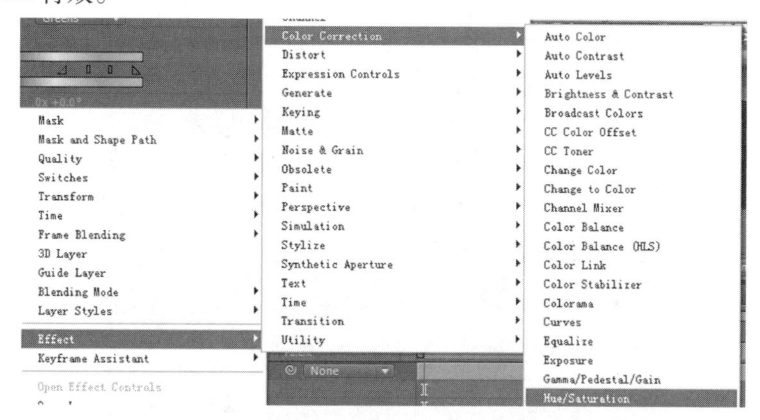

图 6-58　执行 Hue/Saturation 特效命令

（10）添加特效后，在“片段 2. avi”层的 Effect Control（特效控制）窗口中出现了 Hue/Saturation 特效面板，如图 6-59 所示。此时，合成窗口预览效果没有发生变化，如图 6-60 所示。

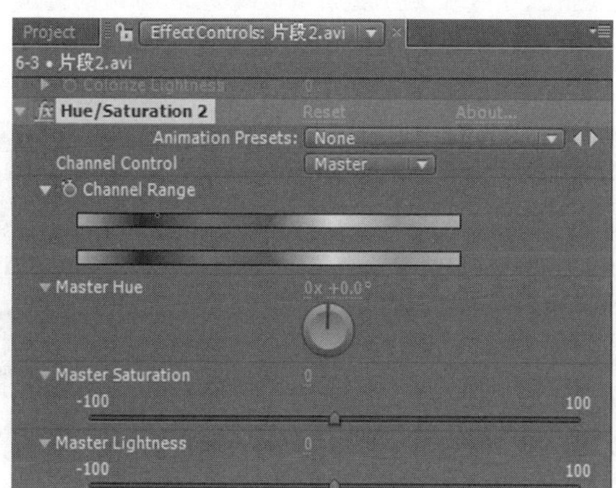

图 6-59　Hue/Saturation 特效面板

图 6-60　设置后合成窗口预览效果

(11)在 Hue/Saturation 特效面板上选择 Colorize 选项,如图 6-61 所示,为当前视频片段添加色彩调整,默认参数下的合成窗口预览效果如图 6-62 所示。

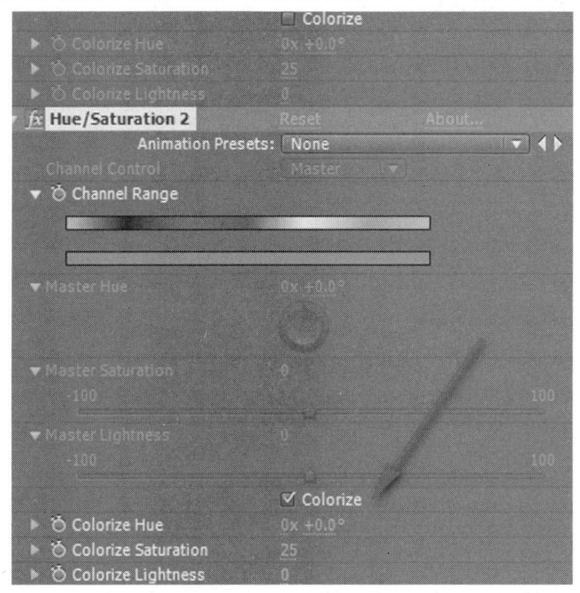

图 6-61　勾选 Colorize

图 6-62　默认参数下的合成窗口预览效果

(12)在 Hue/Saturation 特效面板中，将 Colorize 选项下 Colorize Hue(色彩化色度)调整为 0x + 125. 0°，如图 6-63 所示。此时，预览效果如图 6-64 所示。

图 6-63 Colorize Hue(色彩化色度)

图 6-64 Colorize Hue(色彩化色度)调整为 0x + 125. 0°的效果

(13)观察合成预览窗口效果，感觉色彩的饱和度和亮度不尽如人意。需要在 Hue/Saturation特效面板上 Colorize 选项下调整 Colorize Saturation(色彩化饱和度)值为 50，Colorize Lightness(色彩化亮度)值为 0，如图 6-65 所示。此时，合成窗口预览效果如图 6-66 所示。

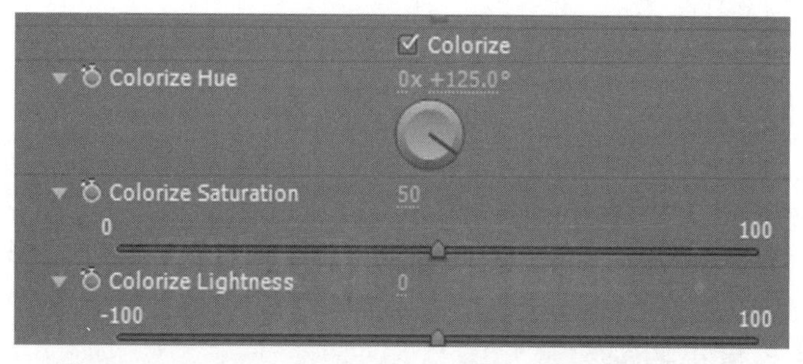

图 6-65 Colorize Saturation 和 Colorize Lightness 参数

图 6-66 设置后的效果

(14)调整完成后,合成最终效果如图 6-67 所示。

图 6-67 最后的效果

本项目小结

本项目主要讲授 After Effects CS4 中视频特效添加方法、Shatter 特效、Roughen Edges 特效、Hue/Saturation 特效。这些特效几乎涵盖着视频调节的所有方面,所以 After Effects 处理视频的功能非常强大,再加上 After Effects 强大的时间轴关键帧动画功能,使得它处理视频具有得天独厚的优势,并且得心应手。本项目举了几个典型特效视频处理案例,如 Shatter(碎片)特效(爆炸效果)是视频后期处理中比较常用的一种特效,After Effects 中的 Shatter 特效就是通过视频碎片模拟仿真的一种效果,可以与爆炸效果恰当地合成,生成具有较好视觉效果的爆炸效果。

习 题

1. 下面对于视频扫描格式的叙述正确的是(　　)。

A. NTSC 制的场频高于 PAL 制　　B. NTSC 制的场频低于 PAL 制

C. NTSC 制的行频高于 PAL 制　　D. NTSC 制的行频低于 PAL 制

2. 视频编辑中,最小单位是(　　)。

A. 小时　　B. 分钟　　C. 秒　　D. 帧

3. 以下哪些是现行的视频编码?(　　)

A. MPEG - 1 和 MPEG - 2　　B. MPEG - 3、MPEG - 5 和 MPEG - 6

C. MPEG - 4　　D. MPEG - 7

4. 假设一段长度为 5 秒、PAL 制的视频素材,其在时间轴(同样为 PAL 制)上的入点时间为 1 秒 10 帧,出点时间为 3 秒 20 帧,那么它在时间轴上的持续时间长度为(　　)。

A. 5 秒　　B. 3 秒 20 帧　　C. 3.2 秒 10 帧　　D. 4.2 秒 11 帧

5. 通过以下哪种方式可以使影片素材实现反向播放?(　　)

A. 使用 Layer→Time Stretch 菜单命令调出 Time Stretch 对话窗口,在 Stretch Factor 或 New Duration 中输入负值

B. 使用快捷键 Ctrl + Alt + R（Windows）或 Command + Option + R（Mac OS）

C. 使用 Layer→Enable Time Remapping 菜单命令，生成 Time Remap 关键帧，设置好关键帧属性即可实现素材倒放

D. 通过手动移动素材层的出入点可以实现素材的倒放

6. 为特效的效果点设置动画后，下列哪个窗口能够对运动路径进行编辑？（　　）

A. Comp 窗口　　B. Layer 窗口

C. Timeline 窗口　　D. Effect Controls 窗口

7. 在跟踪控制面板内，对视频图像做画面稳定处理时，需要选择跟踪的类型是（　　）。

A. Stabilize　　B. Transform

C. Parallel corner pin　　D. Perspective corner pin

项目七　粒子特效

【学习要点】
理解 Particle Playgroud
了解粒子发生器
掌握运用粒子特效

任务一　Particle Playgroud

使用粒子运动场可以产生大量相似物体独立运动的动画效果，粒子效果主要用于模拟现实世界中物体间的相互作用，例如喷泉、雪花等效果。该特效通过内置的物理函数保证了粒子运动的真实性。

在粒子的制作过程中，首先产生粒子流或粒子面，或对已存在的层进行“爆炸”产生粒子。在粒子产生后，就可以控制它们的属性，如速度、尺寸和颜色等，使粒子系统实现各种各样的动态效果。例如，可以为圆点粒子进行贴图操作，也可以用文本字符作为粒子。

After Effects 通过对一个层应用粒子发生器产生粒子，粒子的状态将受到重力(Gravity)、排斥力(Repel)、墙(Wall)、爆破器(Exploder)和属性映像器(Property Mapper)选项的影响。可以选择使用圆点、层素材或文本为粒子内容。粒子运动场使用反锯齿技术进行渲染，粒子运动场也应用运动模糊来移动粒子。所以，如果使用最好质量和运动模糊，渲染将花费很长时间。当一个层用于存放粒子后，粒子运动场会忽略该层上的属性和关键帧变化，仅使用该层的初始状态层。

任务二　粒子发生器

粒子发生器共有 Cannon、Grid、Layer Exploder 三类，其中 Cannon 在层上产生粒子流，Grid 产生粒子面，Layer Exploder 将一个层爆破后产生粒子发生器，在产生粒子的同时设置粒子的属性。

一、Cannon(加农)粒子发生器

Cannon(加农)粒子发生器在层上产生连续的粒子流，如同加农炮向外发射炮弹。默

认情况下,系统使用 Cannon 粒子发生器产生粒子。如果要使用其他粒子发生器,可以关闭Cannon。

(1)Position:位置。确定粒子发射点的位置。

(2)Barrel Radius:柱体半径。设置 Cannon 的柱体半径尺寸,负值产生一个圆柱体,正值产生一个方柱体。输入较低的值,使柱体收缩;输入较高的值,扩展柱体。

(3)Particles PerSecond:确定每秒产生的粒子数量。高值产生高密度的粒子,将其设为 0 时,不产生粒子。

(4)Direction:方向。控制粒子发射的角度。

(5)Direction Random Spread:随机扩散方向。确定每个粒子随机地偏离 Cannon 方向偏离量。较低的值,使粒子流高度集中;较高的值,使粒子流分散。

(6)Velocity:速度。确定粒子发射的初始速度,单位为像素/秒。

(7)Velocity Random Spread:随机扩散速度。确定粒子速度的随机量。值越高,粒子变化速度越高。

(8)Color:颜色。指定圆点粒子或文本粒子的颜色。

(9)Particle Radius/Font Size(粒子半径/字体尺寸):设置圆点的尺寸(以像素为单位),或字符的尺寸(以点为单位)。将其设为 0 时,不产生粒子。

Cannon 根据设定的方向和速度持续不断地发射粒子,默认情况下,它以每秒 100 粒的速度向合成窗口的顶部发射红色的粒子。可以改变发射方向或重力设置,对其进行调节,效果如图 7-1 所示。

图 7-1 Cannon 发射粒子效果

二、Grid(网格)粒子发生器

Grid(网格)粒子发生器从一组网格交叉点产生连续的粒子面,网格粒子的移动完全依赖于重力、排斥、墙和属性映像设置。默认情况下,重力属性打开,网格粒子向框架的底部飘落。

(1)Position(位置):确定网格中心的 x、y 坐标。不论粒子是圆点、层或文本字符,粒子都出现在交叉点中心。如果使用文本字符作为粒子,默认情况下,Edit Grid Text 对话框中的 Use Grid 选项是选中的,此时每个字符都出现在网格交叉点上,标准的字符间距、词距和字距排列都不起作用。如果要文本字符以普通间距出现在网格上,则要使用文字对齐功能,而不是 Use Grid 选项。

(2)Width:宽。以像素为单位,确定网格的边框宽度。

(3)High:高。以像素为单位,确定网格的边框高度。

(4)Particles Across:粒子横穿。确定网格区域中水平方向上分布的粒子数。将其设为 0 时,不产生粒子。

(5)Particles Down:粒子垂直。确定网格区域中垂直方向上分布的粒子数。将其设为 0 时,不产生粒子。注意:如果 Edit Grid Text 对话框中的 Use Grid 选项未选中,则 Particles Across/Particles Down 无效。

(6)Color:颜色。指定圆点粒子或文本粒子的颜色。

(7)Particle Radius/Font Size(粒子半径/字体尺寸):设置圆点的尺寸(以像素为单位),或字符的尺寸(以点为单位)。将其设为 0 时,不产生粒子。

三、Layer Exploder 层爆破器

Layer Exploder 将目标层分裂为粒子,可以模拟爆炸、烟火等效果。

(1)Explode Layer:爆炸层。选择要爆炸的层。

(2)Radius of New Particles:新粒子半径。为爆炸所产生的粒子输入一个半径值,该值必须小于原始层的半径值。

(3)Velocity Dispersion:该值以每秒像素为单位,决定了所产生粒子速度变化范围的最大值。较高值产生一个更分散的爆炸,较低值则使新粒子聚集在一起。

一旦将一个层爆炸,在合成中会连续不断地产生粒子;若要开始或结束层爆炸,可以设定 New Particles 选项的 Radius 值为 0。

如果层为嵌套合成,可以对嵌套合成中的层设置不同的透明度属性、入点和出点,使爆炸层在不同点透明。

如果要改变爆炸层的位置,则在新位置重组该层,然后用重组的层作为爆炸的层。当层爆炸后,粒子的移动受重力、排斥力、墙和属性映像选项的影响,效果如图 7-2 所示。

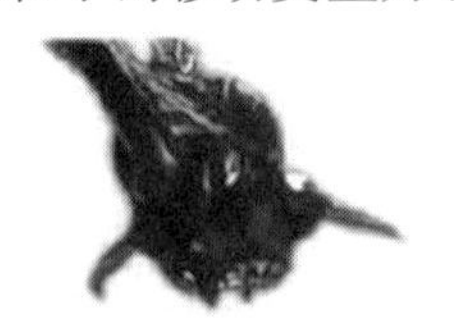  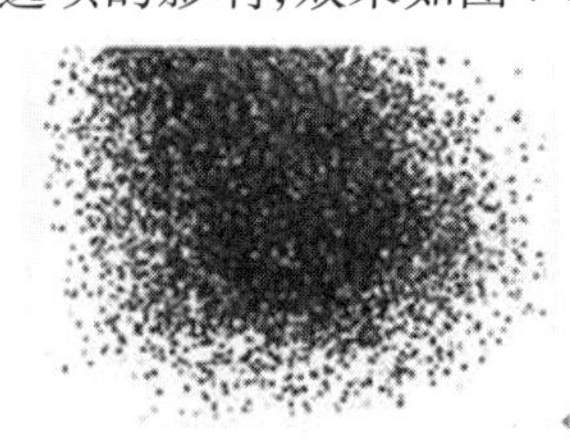

图 7-2 层爆炸后效果

层爆破后,利用 Particle Exploder 将一个粒子分裂成许多新的粒子。爆炸粒子时,新粒子继承了原始粒子的位置、速度、透明度、缩放和旋转属性。当原始粒子爆炸后,新粒子的移动受重力、排斥力、墙和属性映像选项的影响。

在 Affects 参数栏指定哪些粒子受选项的影响。粒子运动场根据粒子的属性指定包含的粒子或排除的粒子。

Particles from 下拉列表中可以选择粒子发生器,或选择其粒子受当前选项影响的粒子发生器的组合。

Selection Map 下拉列表通过指定一个层映像，决定了在当前选项下影响哪些粒子。选择是根据层中每个像素的亮度决定的，当粒子穿过不同亮度的层映像时，粒子所受的影响不同。默认情况下，当对应于层映像像素的亮度值为 255（白色）时，粒子受到 100% 影响；当对应于层映像的亮度值为 0（黑色）时，粒子不受影响。

Character 下拉列表中可以指定受当前选项影响的字符的文本区域，只有在将文本字符作为粒子使用时该项有效。例如，如果设定一个重力属性，可以设定作为粒子中的某一些字符受其影响。单击效果控制对话框上方 Option 选项，打开设置对话框。在对话框 Selection Text 中分别输入受影响的字符。单击 OK 按钮退出，在 Character 下拉菜单中选择受影响的选定字符区域。

Older/Younger Than 参数栏用于指定年龄阈值，以秒为单位。给出粒子受当前选项影响的年龄上限或下限，指定正值影响较老的粒子，而负值影响年轻的粒子。

Age Feather 参数栏控制年龄羽化。以秒为单位指定一时间范围，该范围内所有老/年轻的粒子都被羽化或柔和。羽化产生一个逐渐的而不是突然的变化效果。

四、指定粒子贴图

默认情况下，粒子发生器产生圆点粒子。After Effects 可以通过 Layer Map（层映像）指定合成中的任意层作为粒子的贴图来替换圆点。例如，如果使用一条小鱼游动的素材作为粒子的贴图，粒子系统将用这只小鱼的素材替换所有圆点粒子，从而产生一群小鱼，如图 7-3 所示，左为圆点粒子，右为粒子贴图后的效果。

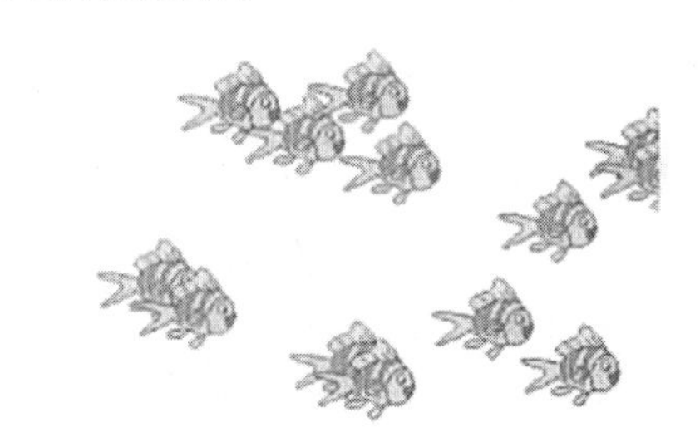

图 7-3　粒子贴图

在 Layer Map 卷展栏 Use Layer 下拉列表中可以指定当前合成中的一个层作为粒子贴图。需要注意的是，粒子贴图使用层的源文件，即在贴图层上所进行的所有操作都会被粒子忽略。

粒子的贴图既可以是静止图像，也可以是动态视频。如果使用动画素材进行贴图，可以设定每个粒子产生时定位在哪一帧，使同一层上的各粒子有不同的变化。Time Offset Type 下拉列表中可以选择动态贴图的时间偏移方式。

如果选择 Relative（相对）方式，由设定的时间位移决定从哪里开始播放动画，即粒子的贴图与动画中粒子当前帧时间步调保持一致。如果选择 Relative 并设置时间位移为 0，则所有粒子都从映像层中与运动场层的当前时间相对应的那帧开始显示；如果选择了 Relative 并设置时间位移为 0.2（同时合成设置为 25 fps），则每个粒子都从前的一个粒子所显示帧之后 0.2 秒的那一帧（即间隔 5 帧）开始显示映像层的帧。所以，运动场层播放时，第一个粒子显示映像层中与运动场层的当前时间相对应的那一帧，第2个粒子显示映像层中比当前时间晚0.2秒的那一帧，第3个粒子显示映像层中比当前时间晚0.4秒的那一帧，依次类推，第1个粒子总是显示映像层中与运动场层的当前时间相对应的那一帧。

Absolute（绝对）方式根据设定的时间位移显示映像层中的一帧而忽略当前时间，该选项可以使一个粒子在整个生存期显示动画层中的同一帧，而不是依时间在运动场层向前播放时循环显示各帧。如果选择Absolute并设置Time Offset为0，每个粒子在整个生存期都将显示映像层的第一帧；如果要从其后的某一帧开始，则事先移动映像层到对应于运动场层的入点的那一帧。如果设置了Time Offset为0.2，则每个新粒子将显示一个粒子之后0.2秒的那一帧，即第5帧。

Relative Random（随机相对）方式下，每个粒子都从映像层中一个随机的帧开始，其随机值范围从运动场层的当前时间值到所设定的Random Time Max值。如果选择Relative Random，并设置Random Time Max的值为1，则每个粒子将从映像层中当前时间到其之后1秒这段时间中的任意一帧开始。如果选择Relative Random为负值，则其随机值范围将从当前时间之前Random Time Max值到当前时间。

选择Absolute Random（随机绝对）方式，每个粒子都从映像层中0到所设置的Random Time Max值之间任意一帧开始。若要每个粒子呈现动画层中各个不同的帧时需选择该选项。如果选择了Absolute Random，并设置Random Time Max值为1，则每个粒子显示映像层中从0到1秒间任意一帧。

五、用文本替换粒子

可以用文本替换默认粒子，使粒子发生器发射文本字符，分别可以对Cannon和Grid指定发射的文本。在特效控制对话框中，单击Option，打开文本设置对话框。单击Edit Cannon Text，在弹出的对话框中输入文本，并设置下面的选项。

（1）Font/Style：字体/风格。为Cannon字符选择字体和风格。

（2）Order：顺序。设定Cannon发射字符的顺序。该顺序与在文本框中输入字符的顺序有关。当粒子从左向右发射时，文本的顺序不变；当粒子从右向左发射时，文字必须反向输入。

（3）Loop Text：文本循环。选择该选项，可重复所输入的字符直到所有网格交叉点都有一字符，不选择该选项，则文本中字符只出现一次。

（4）Auto－Orient Rotation：在文本设置对话框中激活该选项，可以使文本按发射路径自动旋转。

（5）Enable Field Rendering：激活该选项，使用场渲染。用文本替换Grid粒子的方法与Cannon粒子类似。

（6）Alignment：对齐。选择左对齐、居中或右对齐，将文本框中的文本定位在Grid属性设定的位置，或单击Use Grid将文本定位在连续网络交叉点上。

六、影响粒子的力场

粒子一旦产生后,可以用重力、排斥力和使用墙的方法来调节其物理状态。

(1)Gravity:重力。在设定方向上拖动对象,重力用于垂直方向上,可产生下落或上升的粒子,重力应用于水平方向,可以模拟风的效果。

(2)Repel:排斥力。避免粒子间的碰撞,排斥力为正值时,排斥力将粒子向外扩散;排斥力为负值时,将使粒子相互吸引。

(3)Wall:墙。将粒子约束在一个区域中。

粒子在生存期内,属性分别受两方面影响。粒子产生时所指定的属性由粒子发生器确定,如粒子数量、粒子颜色等属性;而产生后的属性由重力、排斥力、墙和属性映像器控制。

例如,使用 Cannon 粒子发生器产生一束粒子,在它产生时,属性受到粒子发生器的影响,这时,Cannon 的属性可以确定粒子发射的方向、速度以及数量。而当粒子一旦运动起来,它的状态就会受到重力、排斥力、墙和属性映像器影响,这时,重力是主要影响因素。

通常情况下影响粒子状态的因素有以下几点:

(1)速度。粒子发生器决定粒子产生时的速度,Grid 粒子没有初始速度。粒子产生后,粒子速度则由在 Gravity 和 Repel 属性中的 Force 选项,或是通过使用层映像为属性映像器中的 Speed、Kinetic Friction、Force 和 Mass 属性设置一个值来影响单个粒子的速度。

(2)方向。粒子产生时,Cannon 指定了粒子方向,Layer Exploder 和 Particle Exploder 在所有方向上发射新粒子,Grid 粒子没有初始方向。粒子产生后,方向受到重力中 Direction选项的影响,也受到具有 Wall 属性的遮罩影响;使用层映像,为属性映像器中的 Gradient Force、X Speed 和 Y Speed 属性设置一个值也可影响单个粒子的方向。

(3)区域。使用 Wall 遮罩将粒子约束在不同区域中或在所有边界外,也可以通过使用一层映像为属性映像器中 Gradient Force 属性设置一个属性值将粒子限制在某一区域内。

(4)样式。粒子产生时,除了用层映像替换默认的圆点的情况,Cannon、Grid、Layer Exploder和 Particle Exploder 都设置了粒子的大小,Cannon 和 Grid 还设置了粒子的初始颜色,而 Layer Exploder 和 Particle Exploder 则从所爆炸的圆点、层或字符获取颜色,Option 对话框决定了文本的初始样式。粒子产生后,可以使用属性映像器为红、绿、蓝、缩放、不透明和字体大小属性设置属性值。

(5)旋转。粒子产生时,Cannon 和 Grid 产生的粒子没有旋转,Particle Exploder 产生的粒子随着所爆炸的圆点、层或是字符进行旋转,也可以使用 Auto - Orient Rotation 选项使粒子沿着各自的轨迹自动旋转,或是使用层映像为属性映像器中的 Angle、Angular Velocity和 Torque 属性设置一个属性值。

七、使用重力调节粒子

(1)Gravity:在指定的方向上影响粒子的运动状态,模拟真实世界中的重力现象。

(2)Force:力量,控制重力的影响力。较大的值增大重力影响。正值沿重力方向影响粒子,负值沿重力方向反向影响粒子。

(3)Force Random Spread:随机扩散力量。指定重力影响力的随机值范围。值为0时,所有粒子都以相同的速率下落;当值为一较高的数时,粒子以不同的速率下落。

(4)Direction:方向。设置重力方向,默认值为1 800,重力向下。

(5)Affects:影响。指定哪些粒子受选项的影响。粒子运动场根据粒子的属性指定包含的粒子或排除的粒子。

(6)Repel:控制相邻粒子的相互排斥或吸引,类似给每个粒子增加了正、负磁极。

(7)Force Radius:力量范围。以像素为单位,指定粒子受到排斥或吸引的范围,使粒子只能在这个范围内受到排斥或吸引。

(8)Repeller:反射极。指定哪些粒子作为一个粒子子集的排斥源或吸引源。

效果如图7-4所示,左为粒子相互吸引,右为粒子相互排斥。

图7-4 粒子运动场受重力影响效果

八、使用墙调节粒子状态

Wall约束粒子移动的区域。墙是用遮罩工具(如笔工具)产生的封闭遮罩,产生一个墙可以使粒子停留在一个指定的区域。当一个粒子碰到墙,它就以碰墙的力度所产生的速度弹回。

(1)Boundary:边界。选择一个遮罩作为边界墙。

(2)Affects:影响。指定哪些粒子受选项的影响。粒子运动场根据粒子的属性指定包含的粒子或排除的粒子。

选择作为边界墙的遮罩约束粒子,效果如图7-5所示,左为未受约束的粒子,右为以遮罩为边界对粒子进行了约束的效果。

图7-5 以遮罩为边界对粒子进行约束的效果

除了上面的力场影响,After Effects还提供了Property Mappers(属性映像器),对粒子的特定属性进行控制。属性映像器不能直接作用于粒子，但可以用层映像对穿过层中的粒子进行影响。每个层映像器像素的亮度被粒子运动场当作一个特定值。可以使用属性映像器选项将一个指定的层映像通道（红、绿或蓝）与指定的属性相结合，使得当粒子穿过某像素时，粒子运动场就在那些像素上用层映像提供的亮度值修改指定的属性。属性映像分为 Persistent Property Mappers（持续属性映像器）与 Ephemeral Property Mappers（短暂属性映像器）。

九、持续属性映像器

Persistent 持续改变粒子属性为最近的值，直到另一个运算（如排斥、重力或墙）修改了粒子。例如，如果使用层映像改变了粒子属性，并且动画层映像使它退出屏幕，则粒子保持层映像退出屏幕时的状态。

首先在 Use Layer As Map 下拉列表中选择一个层作为影响粒子的层映像。

Affects 指定哪些粒子受选项的影响。粒子运动场根据粒子的属性指定包含的粒子或排除的粒子。

属性映像器中可以用层映像的 RGB 通道控制粒子属性。粒子运动场分别从红、绿、蓝通道中提取亮度值进行控制。如果只修改一个属性或使用相同值修改 3 个属性，可以使用灰阶图作为层映像。系统使用 RGB 通道分别对粒子以下属性进行控制影响。

（1）None：不改变粒子。

（2）Red：红。复制粒子的红色通道的值。

（3）Green：绿。复制粒子的绿色通道的值。

（4）Blue：蓝。复制粒子的蓝色通道的值。

（5）Kinetic Friction：运动摩擦力。复制运动物体的阻力值。

（6）Static Friction：静摩擦力。复制保持静态粒子不动的惯性值。

（7）Angle：角度。复制粒子移动方向的一个值。该值与粒子开始角度相对应。

（8）Angular Velocity：角速度。复制粒子旋转的速度，以度/秒为单位。

（9）Torque：扭矩。复制粒子旋转的力度。正的转矩会增大粒子的角速度，且对于大量集聚的粒子增大的速度更慢一些。越亮的像素对角速度的影响越明显，如果应用了与角速度相反的足够大的转矩，则粒子将开始向相反的方向旋转。

（10）Scale：缩放。复制粒子沿着 x 轴和 y 轴缩放的值。使用 Scale 参数可以拉伸一个粒子。

（11）X Scale：x 轴缩放。复制粒子沿着 x 轴缩放的值。

（12）Y Scale：y 轴缩放。复制粒子沿着 y 轴缩放的值。

（13）X，Y：复制屏幕中粒子沿 x、y 轴的位置。

（14）X Speed：复制粒子的水平方向速度。

（15）Y Speed：复制粒子的垂直方向速度。

（16）Gradient Force：渐变力。基于层映像在 x 轴和 y 轴运动面上区域的张力调节。彩色通道中的像素亮度值定义每个像素上粒子张力的阻力，减弱和增强粒子张力。层映像中有相同亮度的区域不对粒子张力进行调节。低的像素值对粒子张力阻力较小，高的像素值对粒子张力阻力较大。

(17)Gradient Velocity:渐变速度。复制基于层映像在 x 轴和 y 轴运动面上区域的速度调节。

(18)X Force:复制沿 x 轴向运动的强制力,正值将粒子向右推。

(19)Y Force:复制沿 y 轴向运动的强制力,正值将粒子向下推。

(20)Opacity:不透明度。复制粒子的透明度。值为 0 时,全透明;值为 1 时,不透明。

(21)Mass:聚集。复制粒子聚集。通过所有粒子相互作用调节张力。

(22)Lifespan:生存期。复制粒子的生存期,在生存期结束时,粒子从层中消失。

(23)Character:复制对应于 ASCII 文本字符的值,用它替换当前的粒子。通过在层上灰色阴影的色值指定文本字符的显示内容。值为 0 时不产生字符,对于 US. English 字符,使用值为 32 ~127。仅当用文本字符为粒子时才能使用。

(24)Font Size:复制字符的点大小。仅当文本字符为粒子时才能使用。

(25)Time Offset:时间位移。复制层映像属性用的时间位移值。

(26)Scale Speed:影响粒子的速度。

(27)Min/Max:当层映像亮度值的范围太宽或太窄,可以用 Min 和 Max 选项来拉伸、压缩或移动层映像所产生的范围。例如设置了粒子的初始颜色,然后要用层映像改变粒子的颜色。

如果认为粒子颜色的变化不够剧烈,可以通过降低 Min 的值或提高 Max 的值来增加颜色的对比;设置了粒子的初始速度,然后要用层映像影响 X 速率属性。不管怎样,都会发现在最快和最慢粒子间的差别太大,通过对映像到 X 速率属性上的层映像通道的 Min 值和 Max 值的提高和降低,可以缩小粒子速率的变化范围;使用层映像影响缩放属性,且发现最小的粒子不够小,而最大的粒子又太大,这时,整个输出范围都需要向下移动,可以同时降低 Min 和 Max 值来完成,层映像在所希望的相反的方向上改变了粒子,这时,可以变换 Min 和 Max 的值。

十、短暂属性映像器

Ephemeral Property Mappers(短暂属性映像器)在每一帧后恢复粒子属性为初始值。例如,如果使用层映像改变粒子的状态,并且动画层映像使它退出屏幕,那么每个粒子一旦没有层映像,会马上恢复成原来的状态。

短暂属性映像器调节参数与持续属性映像器相同,详细内容参阅持续属性映像器。下面给出短暂属性映像器与持续属性映像器不同的参数。

短暂属性映像器可以指定一个算术运算增强、减弱或限制映像结果。该运算用粒子属性值和相对应的层映像像素进行计算。

(1)Set:设置。粒子属性值被相对应的层映像像素的值替换。

(2)Add:加。使用粒子属性值与相对应的层映像像素值的合计值。

(3)Difference:差别。使用粒子属性值与相对应的层映像像素亮度值的差的绝对值。

(4)Subtract:减。以粒子属性值减去相对应的层映像像素的亮度值。

(5)Multiply:乘。使用粒子属性值与相对应的层映像像素值相乘的值。

(6)Min:最小。取粒子属性值与相对应的层映像像素亮度值之中较小的值。

(7)Max:最大。取粒子属性值与相对应的层映像像素亮度值之中较大的值。

任务三 实例操作

本任务将通过实例,讲解如何在实拍素材上经过特技处理,实现各种匪夷所思的电影魔术。我们来制作一个双手可以发火的超能英雄,效果如图7-6所示。

图7-6 双手发火的效果

(1)导入相关素材,按Ctrl + F键,在弹出的Interpret Foot - age对话框中Fields and Pulldown栏的Separate Fields下拉列表中选择Upper Field First,为素材做分离场的操作。

(2)以素材“Fire Hand. mov”产生一个合成。

(3)在时间轴窗口中拖动层“Fire Hand”的入点,到双手开始展开的位置,如图7-7所示。

图7-7 设置入点

(4)要制作双手发火的效果,首先需要将人物的双手提取出来,这里使用Time Difference特效,这个特效可以将图像中的动态部分提取出来。而素材中除双手外,其他部分基本都是静止的,所以Time Difference正好可以满足我们的需要。用鼠标右键单击层“Fire Hand”,选择Effect→Time→Time Difference。

(5)在特效控制面板中激活Absolute Difference选项,拖动Time Offset参数,可以看到,时间偏移,手的位置在动,这里设为0.020即可。提高对比度,调整Contrast参数到60,如图7-8所示。

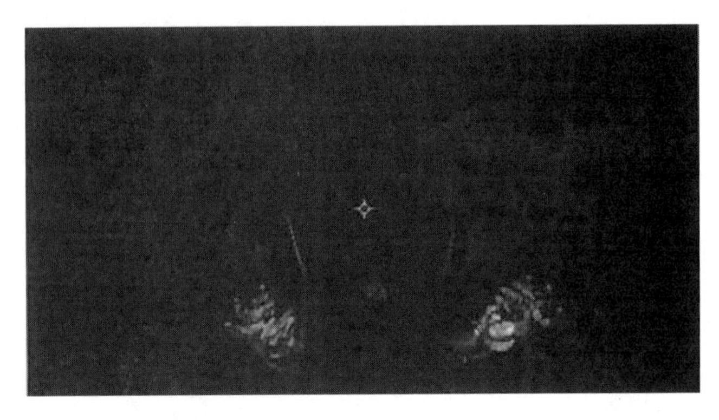

图 7-8　提取双手(一)

(6)下面对提取出来的手做进一步处理,使其更加清晰。首先为层应用 Blur & Sharpen 特效组下 Fast Blur 特效,将模糊值设为 10;接下来应用 Stylize 特效组下的 Threshold 特效,将 Level 参数设为 50,效果如图 7-9 所示,双手被完全提出。

图 7-9　提取双手(二)

(7)预演一下影片,注意不要让双手以外的部分被提出。

(8)将图像中的黑色部分透明,仅留下提出的双手。用鼠标右键单击层,选择 Keying→Luma Key,将 Threshold 参数调高,图像中除双手外的部分变透明。

(9)按 Ctrl + Shift + C 键,以 Move all attributes into the new composition 方式重组该层,命名为"Fire Clip"。

(10)用鼠标右键单击重组层"Fire Clip",选择 Effect→Simulation→Particle Playground,为双手应用粒子特效,使用粒子特效产生火焰的雏形。

(11)对粒子发生器进行设置,本例中我们由双手发射出粒子,所以需要使用 Layer Exploder 发生器。展开 Cannon,将 Particles PerSecond 参数设为 0,关闭默认的加农粒子发生器。

(12)展开 Layer Exploder 卷展栏,在 Explode Layer 下拉列表中选择"Fire Clip",以双手作为爆破层。Radius of New Particles 参数可以设高一点,因为粒子半径越小,层爆破后产生的粒子就越多,运算速度也会越慢,这里设为 15 即可。将 Velocity Dispersion 设为 100。如图 7-10 所示。

(13)对影响粒子的重力做设置。默认状态下,重力是向下的,这里我们让重力向上,

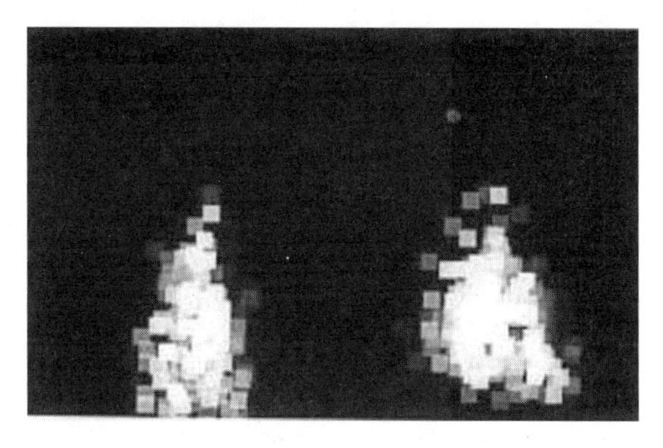

图 7-10　使用粒子特效产生火焰

让火苗向上走。

(14)展开 Gravity 卷展栏,将重力方向 Direction 设为 0,重力强度 Force 设为 400。

如图 7-11 所示,火焰有了向上的趋势。

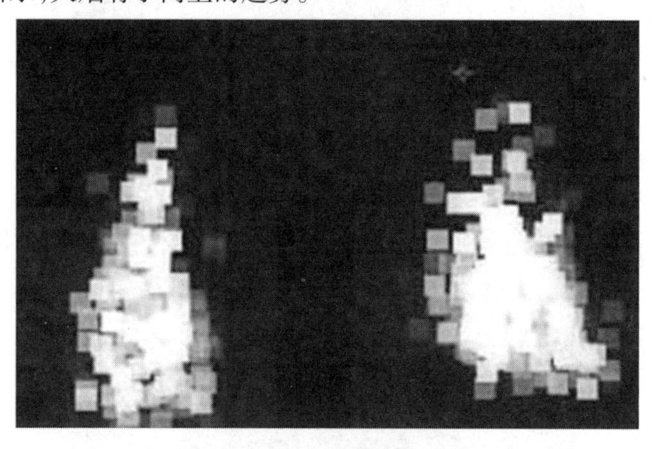

图 7-11　火焰有向上的趋势

(15)粒子效果设置完毕,注意在 Layer Exploder 卷展栏下将粒子尺寸设为 4,这样可以让火焰有更多的细节。

(16)为粒子应用模糊,选择 Effect→Blur & Sharpen→Fast Blur,在 Blur Dimensions 下拉列表中选择 Vertical,将 Bluriness 参数设为 40,产生向上的模糊效果。在火焰的水平方向,应用一个较小的模糊。再次为层应用 Fast Blur 特效,在 Blur Dimensions 下拉列表中选择 Horizontal,将 Bluriness 参数设为 2,效果如图 7-12 所示。

(17)以 Move all attributes into the new composition 方式重组层,命名为"Fire"。

(18)制作火焰的最终效果,方法和选择火焰文字类似。首先为重组层"Fire"应用 Distort 特效组下的 Turbulent Displace 特效,在 Displacement 下拉列表中选择 Turbulent Smoother,将 Amount 设为 30,Size 设为 20,Complexity 设为 3,效果如图 7-13 所示。

(19)应用 Color Correction 特效组的 Colorama 特效,在 Input Phase 卷展栏 Get Phase-From 下拉列表中选择 Alpha,在 Output Cycle 的 Use Preset Palette 下拉列表中选择 Fire,效果如图 7-14 所示。

(20)应用 Glow 特效,降低亮度,将 Glow Intensity 参数设为 0.3,在项目窗口中选择素

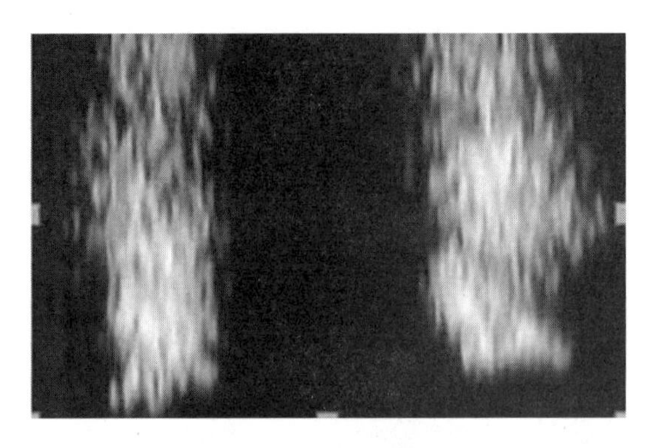

图 7-12 向上的模糊效果

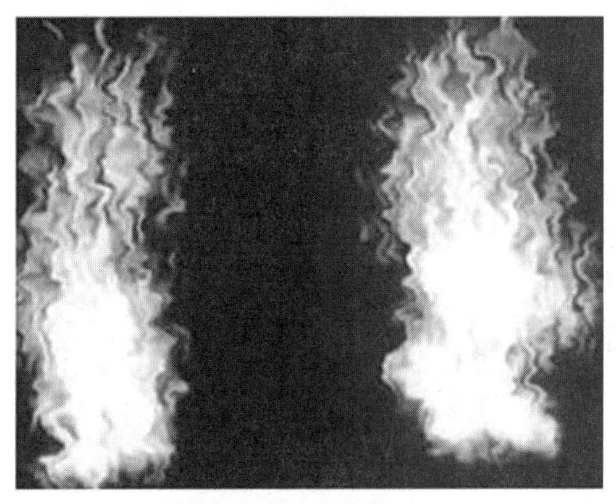

图 7-13 火焰应用 Turbulent Displace 特效后效果

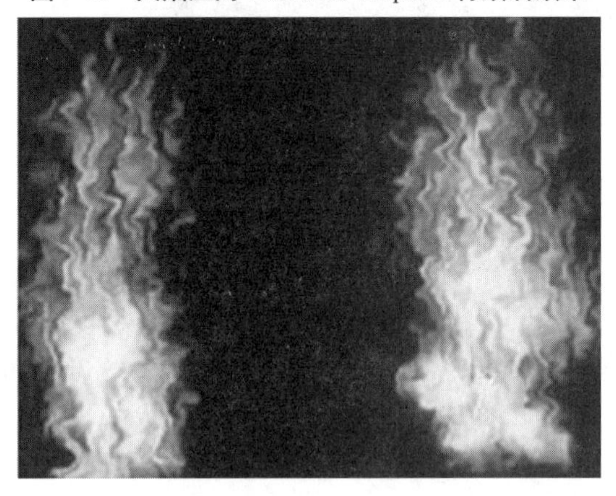

图 7-14 火焰应用 Colorama 特效后效果

材“Fire Hand. mov”,将其拖入合成,放在重组层“Fire”下方。将“Fire”的层模式设为 Screen。注意缩放和移动“Fire”,使其和演员双手重合,效果如图 7-15 所示。

(21)对影片进行调色操作。新建调节层,为调节层应用 Curves 特效,提高 RGB、Red 和 Blue 曲线在暗部的对比度,调色结果如图 7-16 所示。

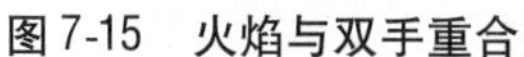

图 7-15　火焰与双手重合

图 7-16　调色

（22）火焰升腾对人物皮肤的亮度会有较大的影响，下面我们对皮肤做局部调色。新建调节层，如图 7-17 所示，沿人物头部和双臂轮廓绘制 Mask，并设置羽化。

图 7-17　选取调色区

（23）为新建的调节层应用 Curves 特效，如图 7-18 所示调整 Red 曲线，让皮肤整体变红。

（24）应用 Glow 特效，降低辉光亮度，调整 Glow Intensity 参数到 0.3。

（25）由于火焰是动态的，所以人物皮肤的亮度也不是一成不变的。由于脸部效果最明显，所以我们对面部 Mask 进行设置。

（26）展开面部的 Mask Opacity 属性，按 Art + Shift + － 键，添加表达式，输入语句"wiggle(25,35)"，为 Mask 的不透明属性增加随机效果。这样，随着调节层 Mask 不透明度的改变，调节层对下面的影响强弱也就发生了改变。

（27）在火焰出来之前，人物皮肤是不会发亮的。下面对调节层的整体不透明度做个调整，以改变特效影响强度。在 1 秒 18 帧，即火焰出现的时候，激活 Adjustment Layer 2 的 Opacity 属性关键帧记录器，将其设为 100%。在 1 秒 14 帧，火焰即将出现的时候，将其设为 0%。

（28）在影片中加入镜头聚焦的效果，模糊背景，突出前景。新建一个调节层，沿人物轮廓画 Mask，设置羽化值为 100，并激活反转选项。为调节层应用 Fast Blur 特效，最终效

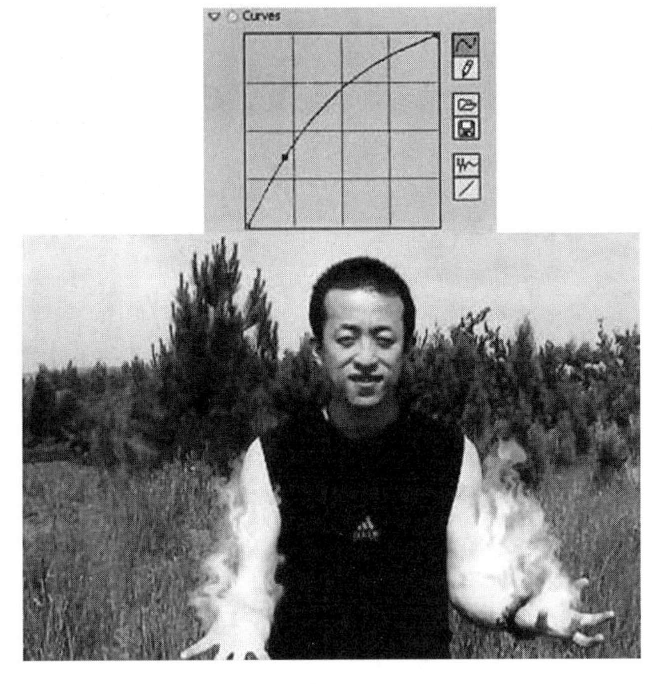

图 7-18 对皮肤做局部调色

果如图 7-19 所示。

图 7-19 最终效果

本项目小结

本项目对粒子发生器进行了学习。与抠像相同,它需要通过长期的练习积累经验。同时,它在很大程度上依赖于前期拍摄的效果。所以,作为后期特效合成人员,必须与前期拍摄人员紧密协作,发扬团队精神,以制作出最完美的影片。

粒子发生器共有 Cannon、Grid、Layer Exploder 三类,其中 Cannon 在层上产生粒子流,Grid 产生粒子面,Layer Exploder 将一个层爆破后产生粒子发生器,在产生粒子的同时设置粒子的属性。

Grid粒子发生器从一组网格交叉点产生连续的粒子面，网格粒子的移动完全依赖于重力、排斥、墙和属性映像设置。默认情况下，重力属性打开，网格粒子向框架的底部飘落。

习 题

一、填空题

1. 粒子发生器有__________、__________、__________三类。

2. 网格粒子的移动，完全依赖于重力、__________和__________。

3. 用文本替换默认粒子，使粒子发生器发射文本字符，分别可以对__________和__________指定发射的文本。

二、选择题

1. 粒子一旦产生后，可以用__________、排斥力和使用墙的方法来调节其物理状态。

A. 重力　　B. 约束力　　C. 排斥力　　D. 引力

2. 粒子运动场根据粒子的属性指定粒子__________。

A. 包含　　B. 排除　　C. 包含或排除　　D. 分离

3. Direction是控制粒子发射的__________。

A. 角度　　B. 方向　　C. 阈值　　D. 约束力

三、简答题

1. 什么是粒子发生器？

2. 粒子发生器有哪几个种类？

3. 什么是Grid网格粒子发生器？

项目八 After Effects CS4 中的转场过渡

【学习要点】

理解 X 淡变、V 淡变

掌握时间轴动画转场

掌握 Gradient Wipe 特效转场

掌握粒子 & Linear Wipe 转场

任务一 After Effects CS4 中转场过渡技巧及特效

一部完整的动画往往需要由多个镜头或者场景组成,后期编辑中很重要的一部分工作就是根据创意对这些镜头和场景进行组合,镜头和场景之间的组合在专业上称为转场过渡。转场过渡是影视后期编辑和动画整合编辑中非常重要的一种技巧,通过转场过渡,将不同的场景和片段连接在一起,为主题和创意服务。合理应用转场过渡方式,不但可以降低工作难度,简化工作流程,而且还可取得单个镜头或者单个场景难以达到的视觉效果。

一、X 淡变、V 淡变、时间轴动画转场

X 淡变也称为交叉淡变,是由一个场景和另一个场景之间交叉叠化而来,即上一个场景的透明度由 100% 淡变为 0% 。与此同时,下一个场景的透明度由 0% 淡变为 100% 。X 淡变具有节奏缓慢、过渡自然、连接顺畅的特点,在影视后期编辑和动画场景制作中,X 淡变是经常用到的转场方式之一。After Effects 中时间轴动画正好比较方便进行视频片段透明动画的调节,所以在 After Effects 中进行视频和动画处理时,X 淡变调节相当容易和直观,也是 After Effects 组接场景和视频的常用转场过渡方法。

V 淡变也称为黑变,即上一个场景淡化黑屏,紧接着下一个场景由黑屏淡出。V 淡变具有节奏感强、转场过渡对上下两个场景和镜头要求不高等特点,在片头制作中经常用 V 淡变作为转场过渡方式。

X 和 V 淡变都属于划变的一种方式,是影视片头及影视编辑工作中常用的转场过渡方式。在本项目实例中,会对 After Effects 中 X 和 V 淡变的调整设置方法进行详细的介绍。

After Effects 时间轴动画转场是运用 After Effects 中视频片段的 Transform 属性设置动画来实现时间轴视窗中两段素材之间的连接方式动画,从而达到两个场景之间转换的效果。通过 After Effects 时间轴可以设置两个片段的位置、缩放、旋转和透明度参数,并且在

适当的位置记录为关键帧动画，如图 8-1 所示。

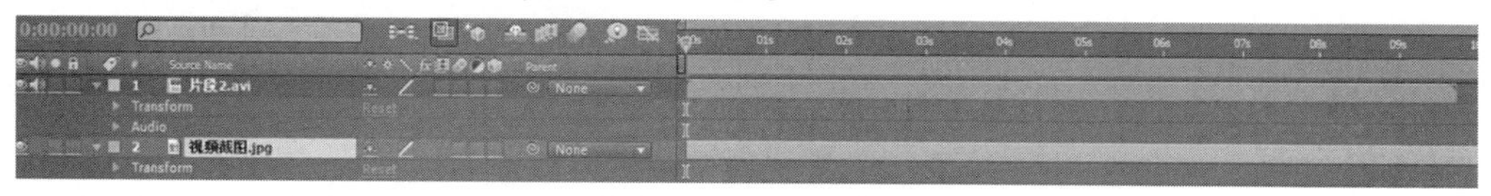

图 8-1 时间轴窗口

技巧提示	X 和 V 淡变的转场方式的转场含义比较明显，在实际的影视后期处理中要注意应用的时机和条件。

二、Gradient Wipe 特效转场

该特效可以根据图像的明度信息进行转换，也就是最暗的部分先透明，然后向亮部扩展，直到完全消失。可以控制转换的百分比、转换时图像过渡的柔和度等。图 8-2 是该特效的参数设置面板。

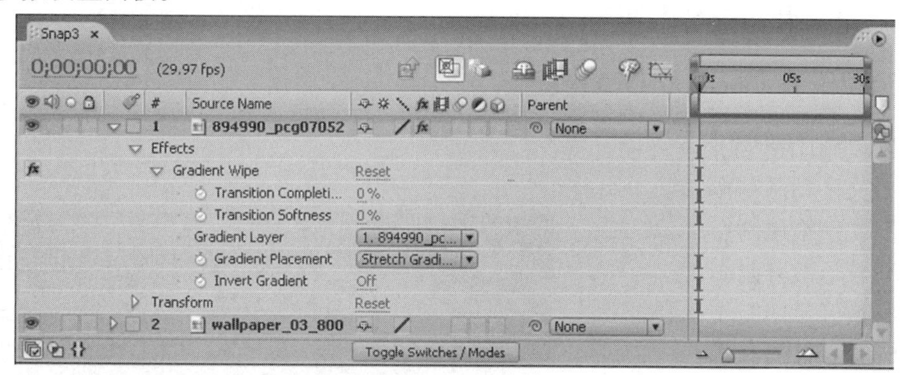

图 8-2 参数设置面板

(1)Transition Completion：该参数控制转场的百分比。如图 8-3 所示是设置转场百分比前后的效果。

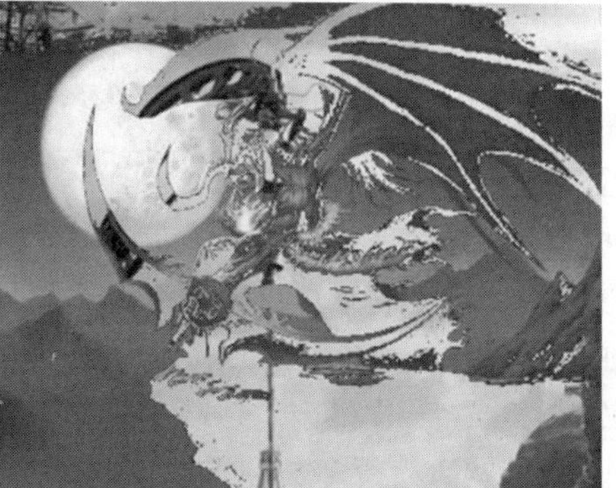

图 8-3 设置转场百分比前后效果

(2)Transition Softness：该选项控制转换的柔和度，如图 8-4 所示是将 Transition Softness 的值设置为 15% 的结果。

(3)Gradient Layer:在其下拉列表中可以选择要转换的层。

(4)Gradient Placement:该选项的作用是,当用来转换的层比下面的层小的时候,可以在该选项的下拉列表中使用怎样的方式进行渐变。

(5)Invert Gradient:启用该选项后,可以将图像中的透明区域翻转,如图 8-5 所示。

图 8-4 设置柔化值

图 8-5 使用翻转

三、粒子和 Linear Wipe 转场

具体的制作步骤如下:

(1)文字动画制作;

(2)文字拖尾制作;

(3)粒子散开制作;

(4)散开贴图制作;

(5)散开效果制作;

(6)背景效果制作。

粒子转场效果分为两个部分进行制作,分别是"文字组成"和"文字碎开"两个部分,下面我们就开始进行制作。

第一步:文字动画制作

(1)新建合成,名字改成"文字组成",合成大小选择预设"HDTV 720 25",时间设置为 10 秒。如图 8-6 所示。

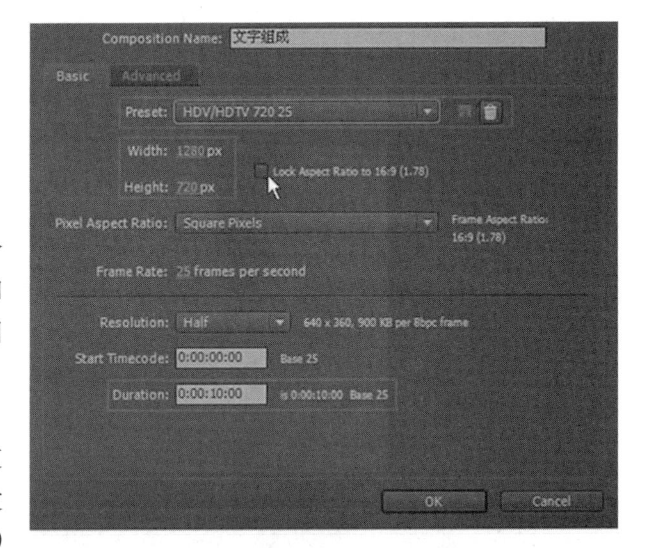

图 8-6 新建合成"文字组成"

(2)输入文字,这里输入"video. hxsd",这里将每个文字单独制作动画,首先输入一组文字作参考,然后将每个文字再单独输入一遍,按照之前输入的文字位置对齐,删除之前作参考的文字。如图 8-7 所示。

(3)下面开始制作文字动画。将所有文字的位移和旋转两个属性打开(快捷键 P 键和 R 键),分别在 0 秒和 1 秒处打关键帧。如图 8-8 所示。

(4)在第一个关键帧处,将所有文字分别调整位移和旋转到如图 8-9 所示的位置。

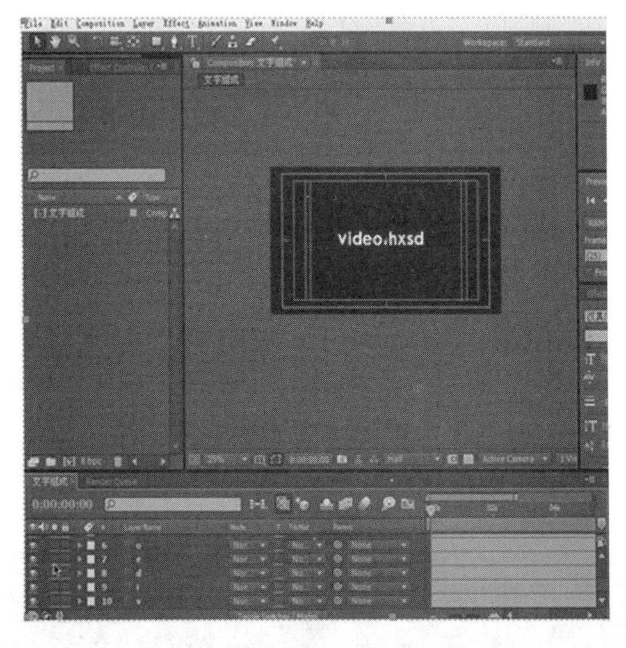

图 8-7　输入文字

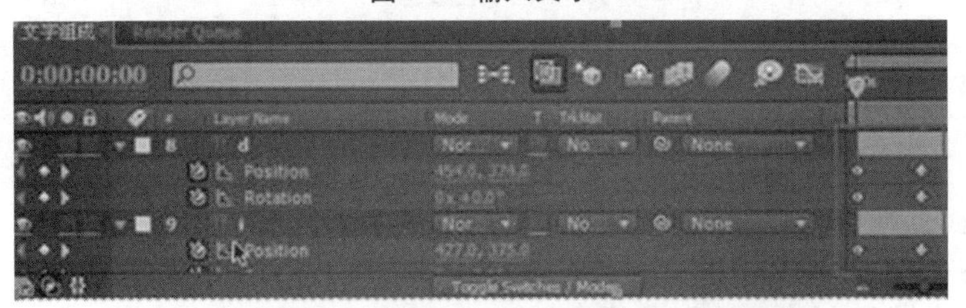

图 8-8　设置文字位移和旋转属性

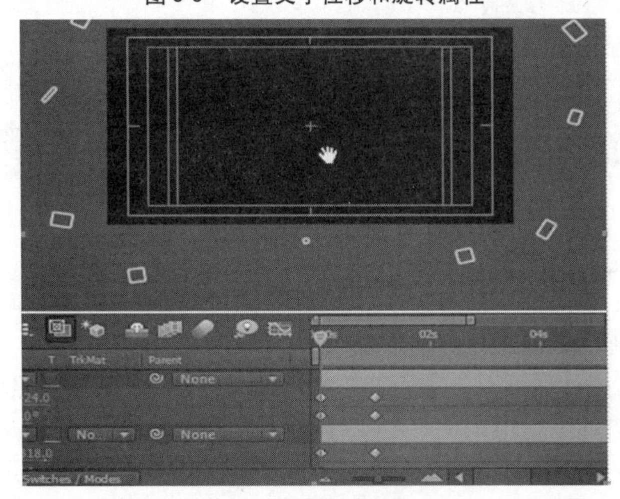

图 8-9　调整位移和旋转

(5)播放看下效果,得到了一个文字组成的动画。如图 8-10 所示。

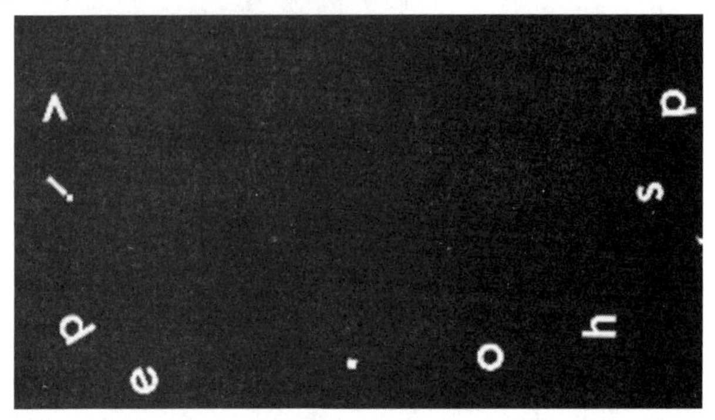

图 8-10　动画效果

(6)为了使文字的运动显得自然,将所有文字的第一个关键帧全部选中,在关键帧处点击鼠标右键选择 Keyframe Assistant→Easy Ease In,使文字呈现一个由快速到减速的运动。如图 8-11 所示。

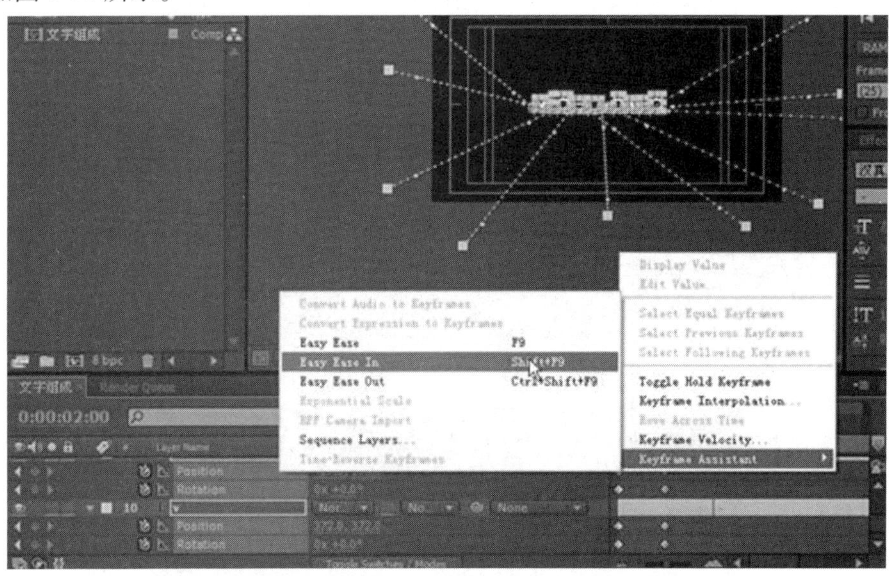

图 8-11　设置文字运动

第二步:文字拖尾制作

(1)新建合成,名字改成“拖尾”,其他设置不变。如图 8-12 所示。

(2)将文字动画的合成拖进新建的合成中。如图 8-13 所示。

(3)找到 Echo 插件,赋予“文字组成”这一层,调整参数,可以按照场景来调整参数。如图 8-14 所示。

各参数含义为:Number Of Echoes,重复数量;Starting Intensity,强度;Decay,延迟;Echo Operator,混合模式。

(4)添加背景,新建一个固态层,名字改为“形状”,颜色改为黑色,其他不变。如图 8-15 所示。

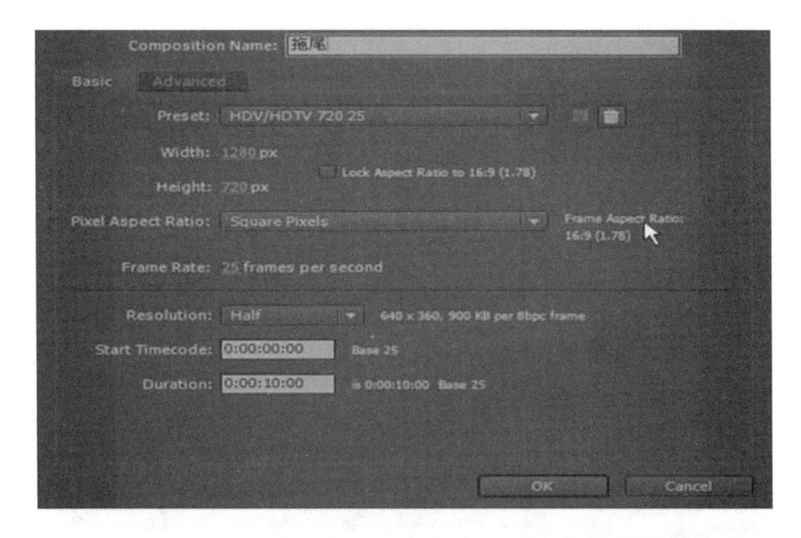

图 8-12 新建合成“拖尾”

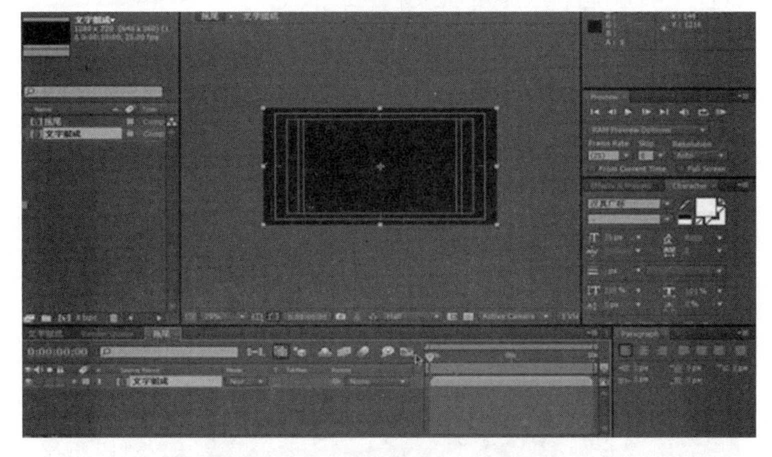

图 8-13 将文字动画拖进新建合成

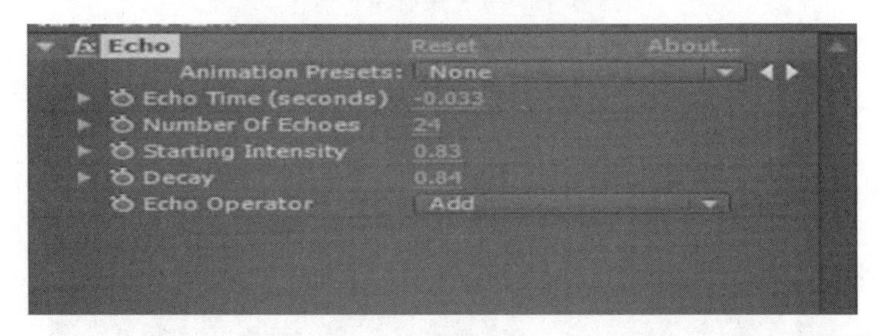

图 8-14 调整参数

(5)在背景上绘制一个长方形的 Mask,然后添加一个 Stroke,让 Mask 有一个边。如图 8-16 所示。

(6)为了让这个 Mask 区域更好看一些,又添加了一个 Ramp,给一个红色渐变效果。添加 Fractal Noise(分形噪波),将混合模式改为 Overlay。如图 8-17 所示。

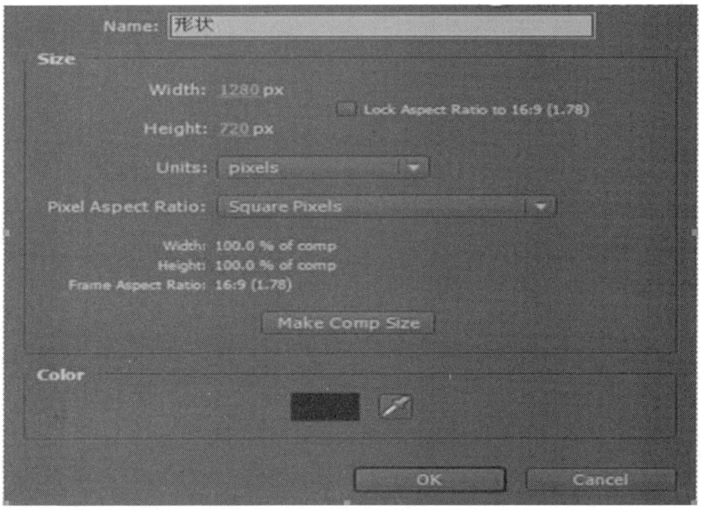

图 8-15　新建“形状”层

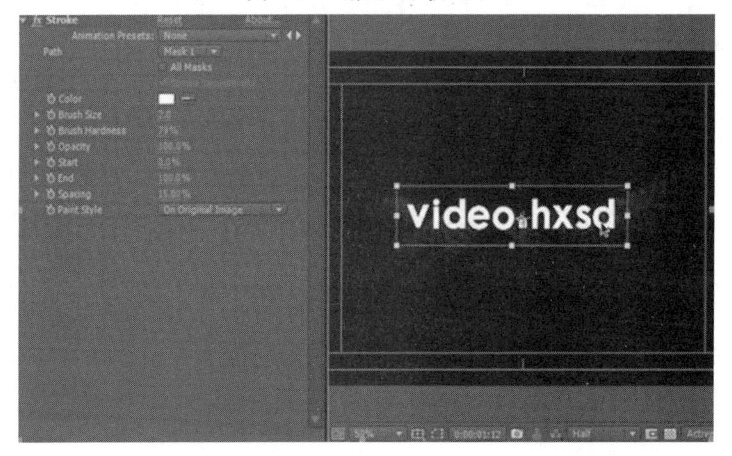

图 8-16　绘制 Mask

图 8-17　添加 Ramp 和 Fractal Noise

(7)为了画面更加好看,将分形噪波设置为运动的,使用的是在 Evolution 属性上添加表达式,time * 150。如图 8-18 所示。

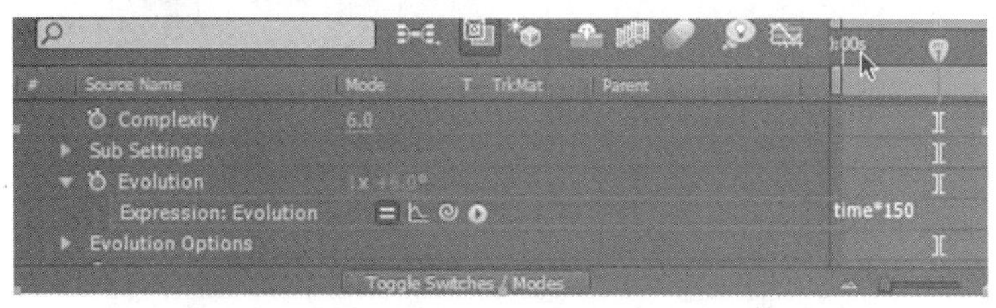

图 8-18 将分形噪波设置为运动的

(8)调整分形噪波其他的参数。如图 8-19 所示。

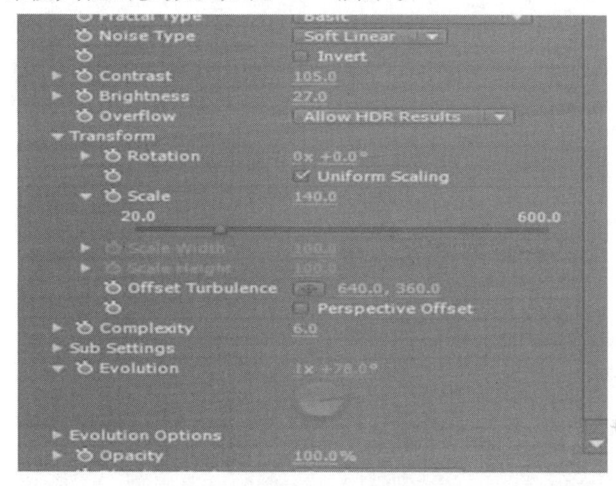

图 8-19 调整分形噪波其他的参数

(9)调整形状层的透明度,在文字呈现后再出现这个文字层,因此在呈现文字后添加透明度的关键帧。如图 8-20 所示。

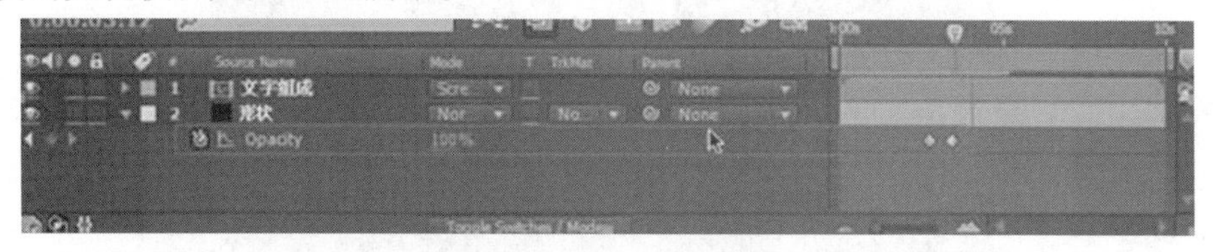

图 8-20 添加透明度关键帧

第三步:粒子散开制作

(1)新建合成,名字改为“总合成”。如图 8-21 所示。

(2)将拖尾合成拖进总合成中,再新建一个固态层,取名为“form”。如图 8-22 所示。

(3)添加一个 Form 特效,参数如图 8-23 所示,为了保证在制作过程中机器运行速度,将粒子数量改为 427 ×240。

(4)制作粒子散开效果,打开 Form 的 Layer Maps 属性菜单,将 Layer 选择拖尾层,Functionality 选择 RGBA to RGBA,保证 Alpha 通道。如图 8-24 所示。

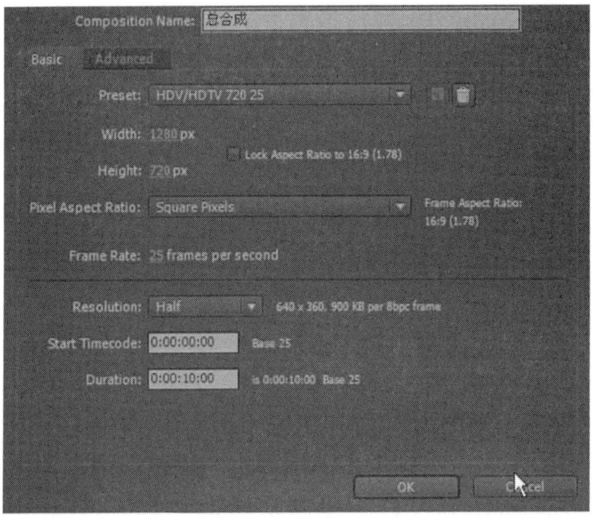

图 8-21　新建“总合成”

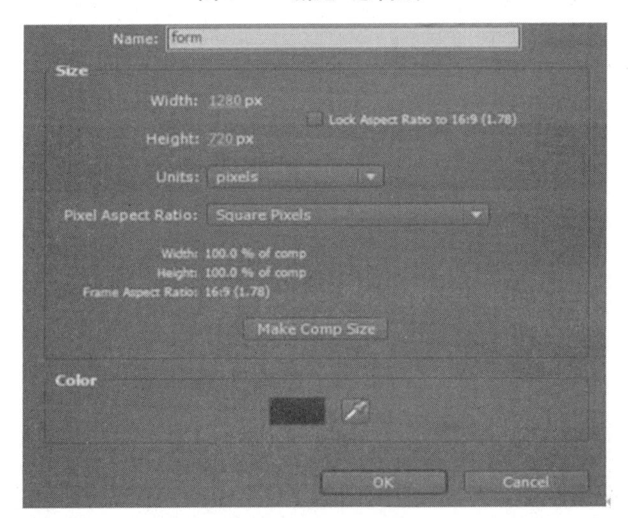

图 8-22　新建“form”层

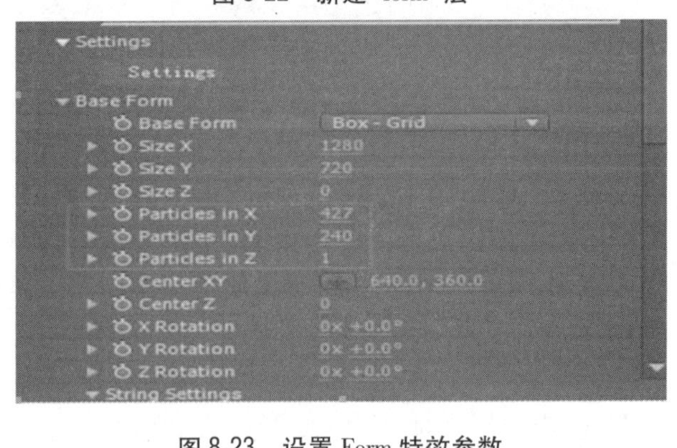

图 8-23　设置 Form 特效参数

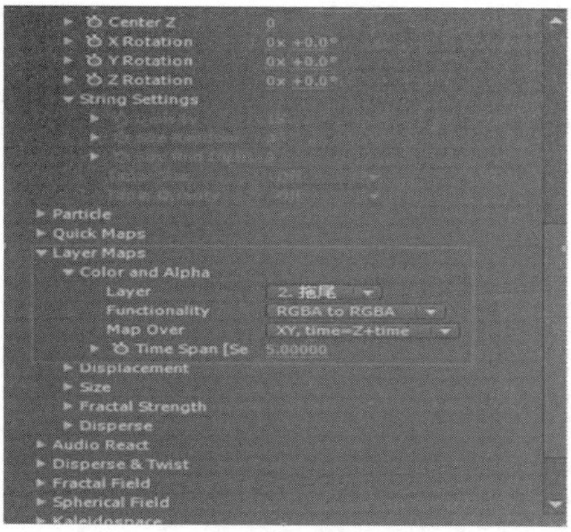

图 8-24 制作粒子散开效果

第四步：散开贴图制作

（1）新建合成，名字改为“贴图”。如图 8-25 所示。

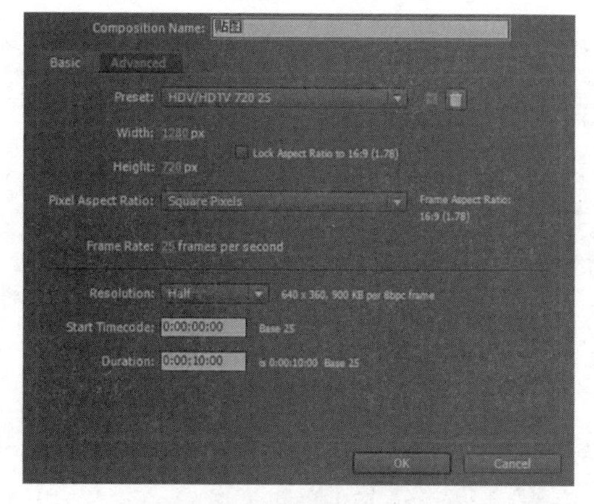

图 8-25 新建合成“贴图”

（2）新建三个固态层，如图 8-26 所示。

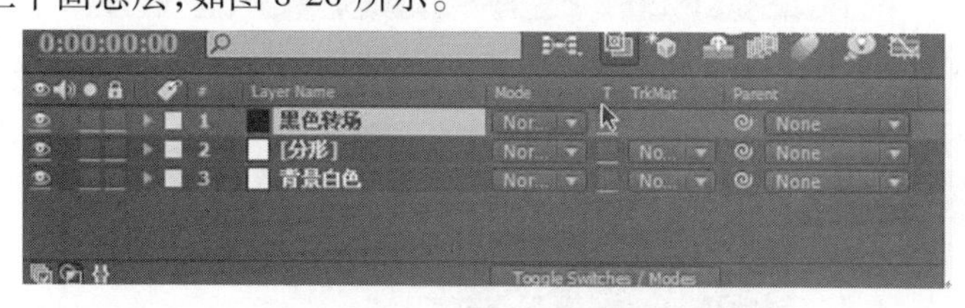

图 8-26 新建三个固态层

（3）给分形层添加一个 Fractal Noise（分形噪波），再添加一个 Linear Wipe 特效（将分形层单独显示）。将 Linear Wipe 的 Feather 进行调整，提高羽化值。如图 8-27 所示。

（4）给 Linear Wipe 的 Transition Comp（转场完成度）添加关键帧，设置一个由右到左的转场。如图 8-28 所示。

注意：在设置关键帧时，要结合综合成文字效果出现后开始，这里开始时间是第 5 秒，持续到第 8 秒。

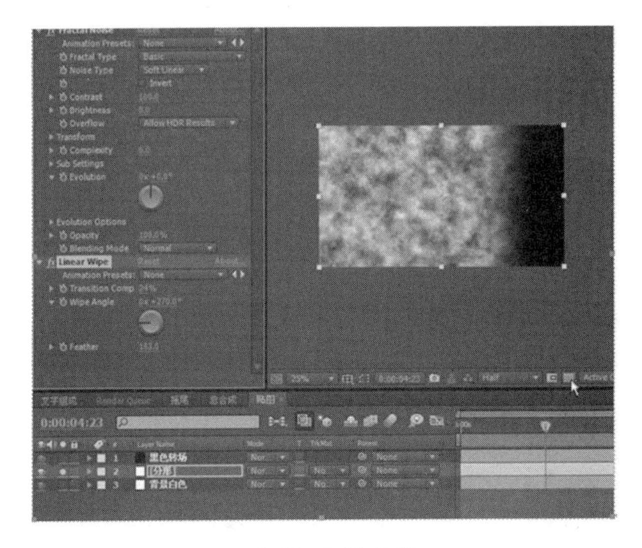

图 8-27　调整参数

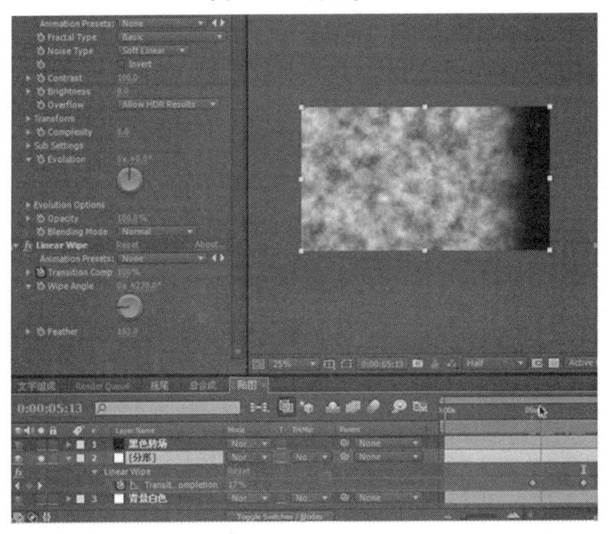

图 8-28　设置转场

(5)将分形层的 Linear Wipe 复制,粘贴给黑色转场层。现在将多个图层显示,可看到如图 8-29所示效果。

图 8-29　显示效果

(6)调整 Fractal Noise(分形噪波)属性,让画面细节更加丰富些。如图 8-30 所示。

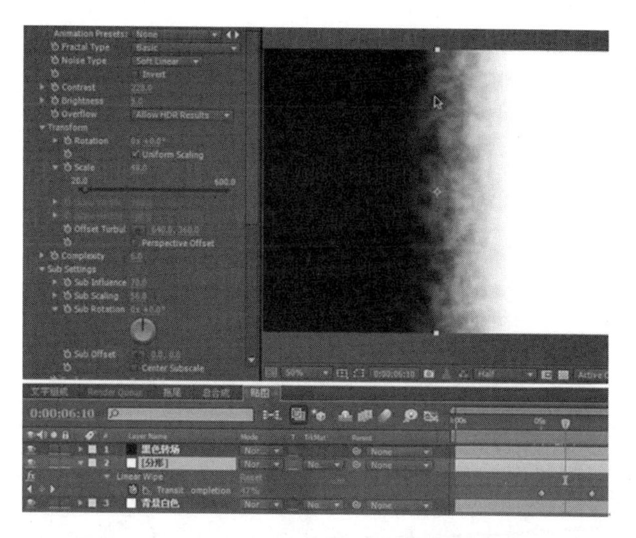

图 8-30　调整 Fractal Noise(分形噪波)属性

(7)给分形噪波添加运动,选择分形层的 Fractal Noise(分形噪波),给 Evolution 添加表达式,time * 150。如图 8-31 所示。

图 8-31　给分形噪波添加运动

(8)现在调整整体效果,添加一个调整层(Ctrl + Alt + Y),给调整层添加一个 CC Vector Blur 特效,参数如图 8-32 所示。

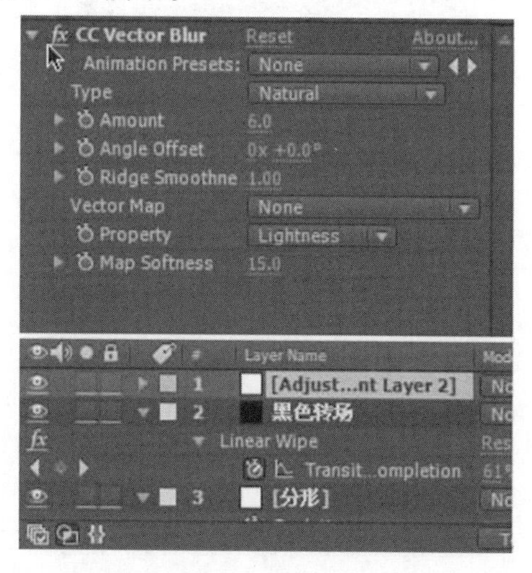

图 8-32　CC Vector Blur 特效参数

(9)再添加一个 Turbulent Displace 特效,将 Displacement 选择 Twist Smoother,给

Evolution添加表达式,time * 150。这样贴图就制作完成了。如图 8-33 所示。

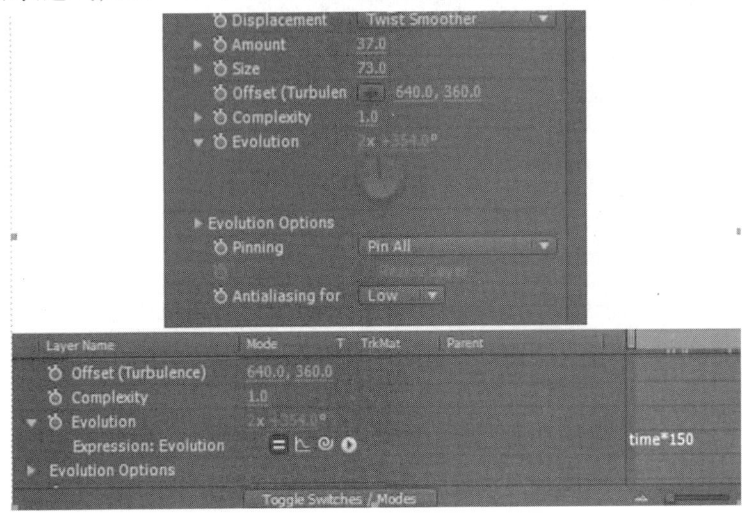

图 8-33　添加 Turbulent Displace 特效

第五步:散开效果制作

(1)打开总合成,将拖尾层和贴图层的显示属性关闭,选择 Form 层,按 F3 打开特效面板。在 Layer Maps 中打开 Fractal Strength 属性菜单,将 Layer 选择贴图层,设置如图 8-34 所示。

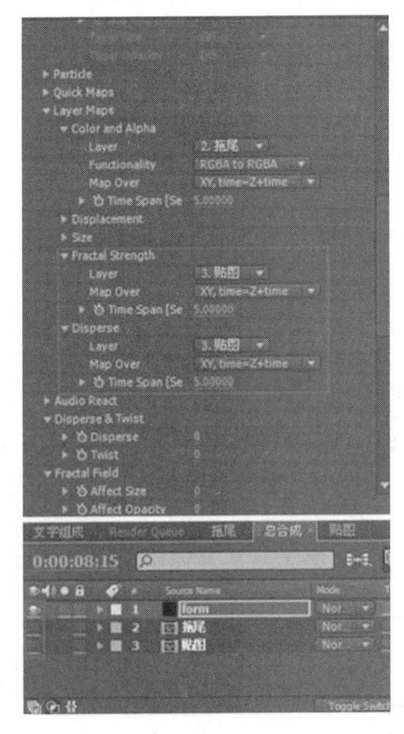

图 8-34　属性设置

(2)现在画面没有任何效果,是因为没有调整 Disperse & Twist 属性,调整参数如

图 8-35 所示。

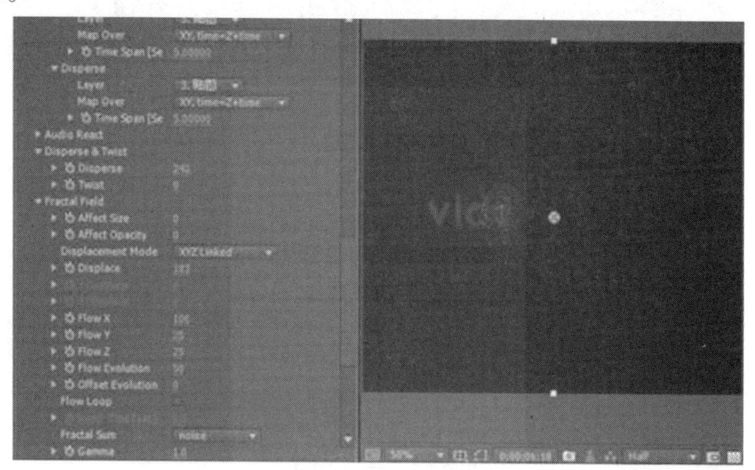

图 8-35 调整参数

(3)将粒子数量改为 1 280×720,提高画面文字质量。如图 8-36 所示。

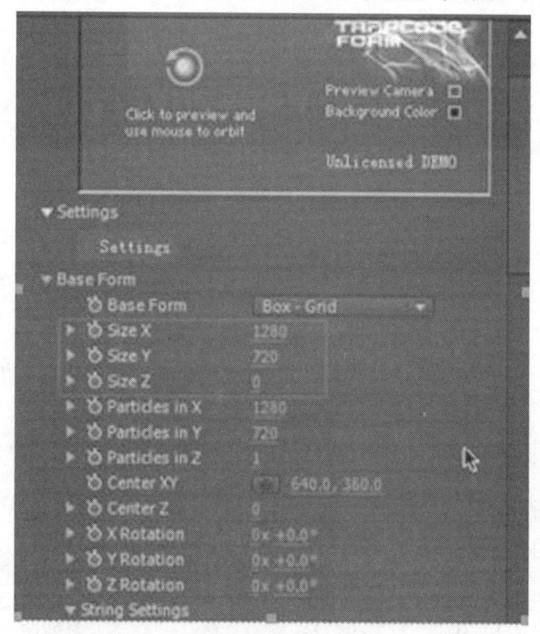

图 8-36 修改粒子数量

(4)将粒子调大,让画面更清晰一些,调整 Particle 菜单下的 Size 的数值,设置为 2。如图 8-37 所示。

(5)打开运动模糊。如图 8-38 所示。

(6)为了让运动模糊更大一些,调整了合成的运动模糊,Ctrl + K 打开合成属性,选择 Advanced 标签,将 Shutter Angle 设置为 360°。如图 8-39 所示。

(7)现在看来感觉粒子数量太多了,将数量调整为 640×360,效果好了很多。如

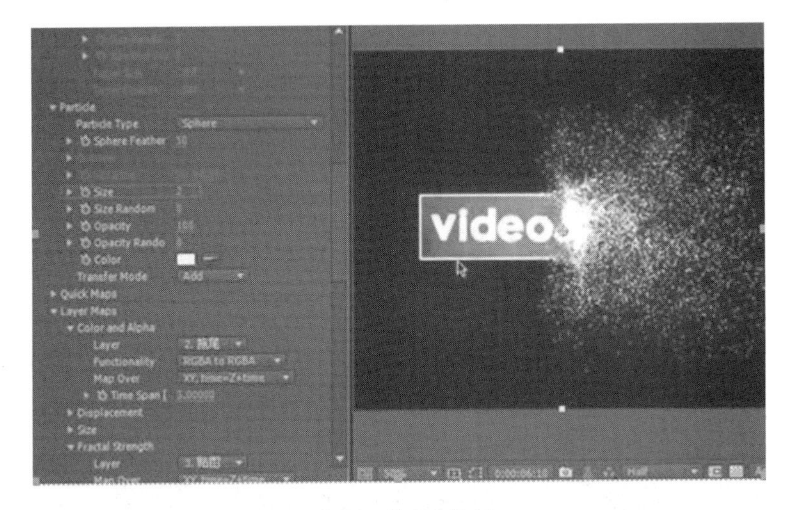

图 8-37　将粒子调大

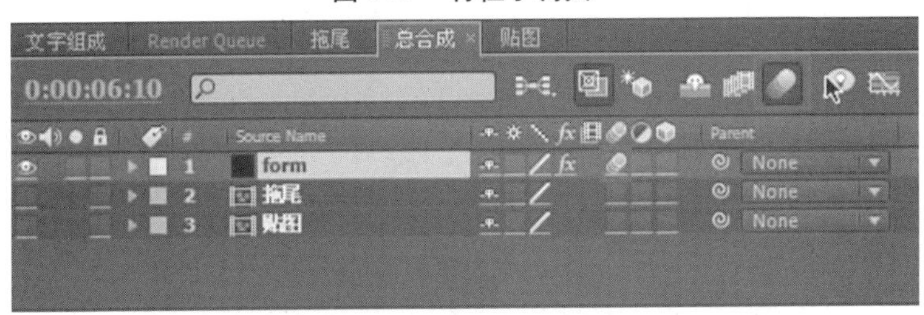

图 8-38　运动模糊图标

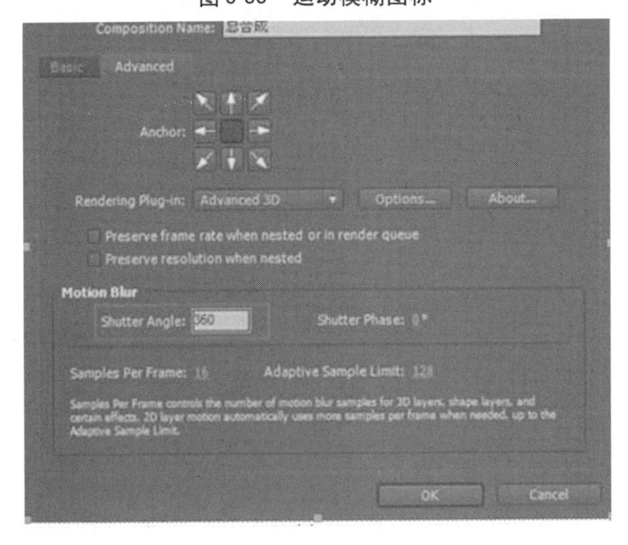

图 8-39　调整运动模糊

图 8-40 所示。

（8）减少粒子数量后，文字产生了锯齿，将拖尾层的显示属性打开，然后将贴图层中黑色转场的 Linear Wipe 复制给拖尾层，将拖尾层放在时间轴的最上面。如图 8-41 所示。

注意：粘贴 Linear Wipe 时要将时间指针放在第一个关键帧处再进行粘贴。

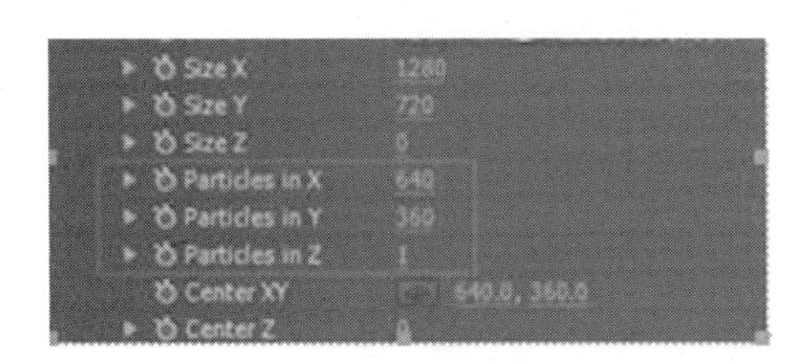

图 8-40 调整粒子数量

图 8-41 设置拖尾层

第六步:背景效果制作

(1)新建固态层,名字改为“背景”。给背景层添加一个 Ramp,参数如图 8-42 所示。

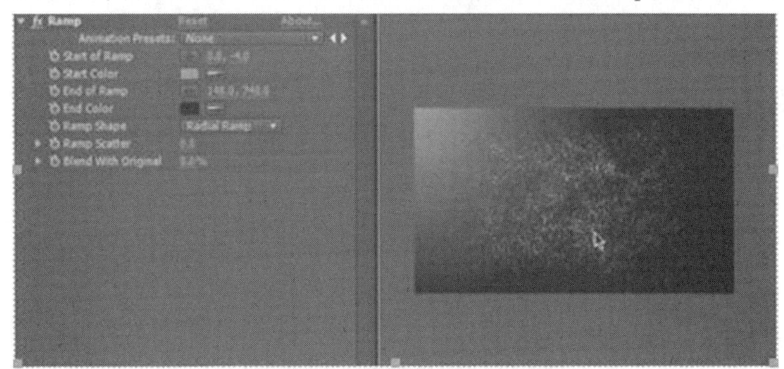

图 8-42 Ramp 参数设置

(2)为了使背景更漂亮,又添加了一个光工厂 Light Factory 特效,将类型改为 Cool Lens,参数如图 8-43 所示。

图 8-43 Light Factory 特效参数设置

(3)新建一个固态层,放在“背景”层的上面,添加一个 Fractal Noise(分形噪波),使背景的细节更加丰富,给 Evolution 添加表达式,time * 150。如图 8-44 所示。

(4)将固态层的混合模式改为 Overlay,调整 Fractal Noise(分形噪波)的参数,如图 8-45 所示。

(5)为了使画面动感性更强一些,给“背景”层 Light Factory 特效中的 Angle 添加一个

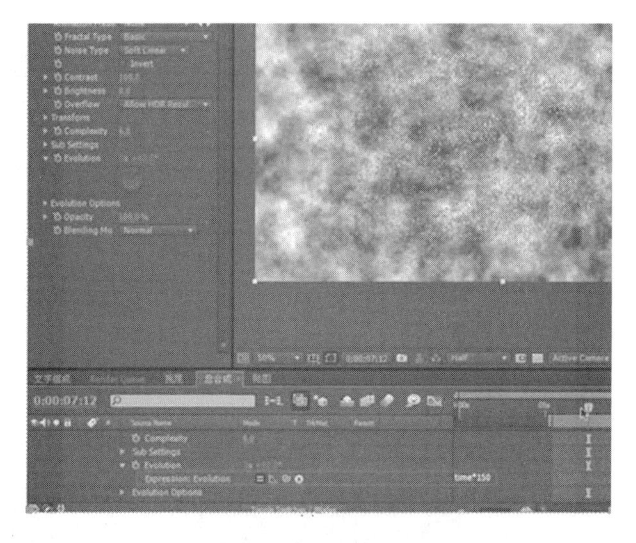

图 8-44　新建固态层设置

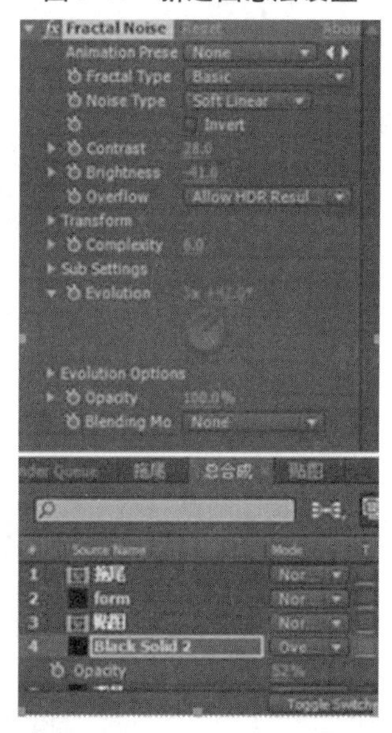

图 8-45　调整 Fractal Noise(分形噪波)参数

表达式,time * 50。如图 8-46 所示。

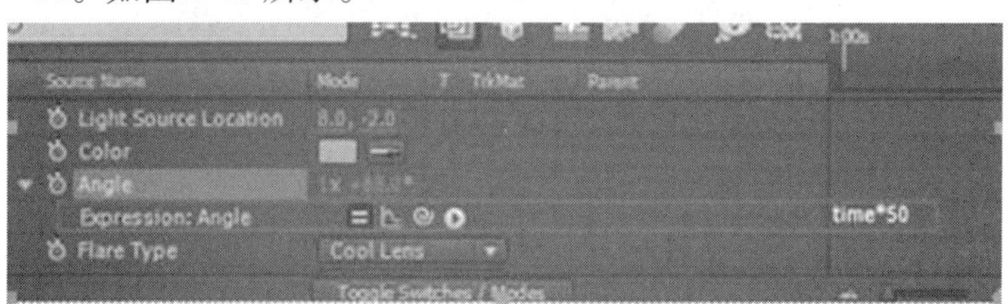

图 8-46　给 Angle 添加表达式

(6)分形噪波的效果太过于明显,因此应降低固态层的透明度。最后添加了一个摄像机,使用空物体层来控制摄像机,简单调整摄像机动画,提高整体的动感,效果如图 8-47

所示。

图 8-47 调整后整体效果

技巧提示	本任务以简单的实例,详细介绍了 X 淡变、V 淡变、缩放和位置推出转场过渡方式,并介绍了运用时间轴动画设置转场方式的方法。本任务实例涉及关于转场过渡的知识点制作起来都非常简单,基本没有什么技术难度,但是这些知识点都是进行转场过渡效果创作和制作的基础。通过本任务实例的学习,读者需要明白转场、淡变等专业词汇的概念,并了解转场过渡方式的应用目的和时机。

任务二 Gradient Wipe 转场特效应用

本任务制作完成后的预览效果如图 8-48 所示。

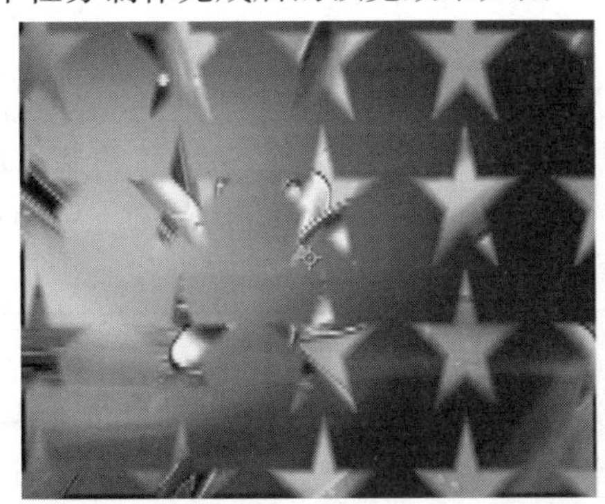

图 8-48 预览效果

一、制作过程分析

选取两个视频片段,运用 After Effects 内置的 Transition 中的 Gradient Wipe 对两段视频进行自定义遮罩应用的转场过渡。

制作过程为:

（1）素材制作和准备。选取两段动态素材，叠加放置于时间轴视窗中，通过 Photoshop 等绘图工具绘制心形和星形遮罩。

（2）Gradient Wipe 特效的添加、参数调整和动画制作。执行 Effect（特效）→Transition（转场）→Gradient Wipe（渐变擦除）命令，为素材添加 Gradient Wipe（渐变擦除），调整参数并在时间轴视窗中设置动画。

（3）遮罩合成影像的制作。制作一个宽×高为 150 px×150 px 的遮罩合成影像。

（4）进一步调整 Gradient Wipe（渐变擦除）特效参数，制作平铺于影像之上的星形转场擦出特效。

二、详细步骤

（1）首先选取两段素材，如图 8-49 和图 8-50 所示。按 Ctrl + N 组合键，新建一个 Composition（合成影像），命名为“特效转场”，制式设定为 PAL D1/DV 制式，比率设置为 D1/DV PAL（1.09），时间长度设置为 5 秒，如图 8-51 所示。

图 8-49　素材 1

图 8-50　素材 2

（2）将视频素材和绘制的遮罩素材拖至时间轴视窗中，层级关系如图 8-52 所示。

技巧提示	“心形遮罩. TGA”和“星形遮罩. TGA”两层是作为转场特效的遮罩层应用的，所以这两层在时间轴中的位置无关紧要，同时要在时间轴上关闭这两层的显示。

（3）选择“视频片段 1. avi”层，单击鼠标右键，在弹出的快捷菜单中执行 Effect（特效）→Transition（转场）→Gradient Wipe（渐变擦除）命令，如图 8-53 所示，为“视频片段 1. avi”层添加了 Gradient Wipe（渐变擦除）转场特效。

（4）在“视频片段 1. avi”层的 Effect Control（特效控制）面板出现了 Gradient Wipe 参数设置面板。首先，调节 Gradient Layer（渐变遮罩层），单击 Gradient Layer 后面的下拉列表框，展开渐变转场的遮罩层选项菜单。可以将“心形遮罩. TGA”和“星形遮罩. TGA”作为渐变层的遮罩，此处选择“心形遮罩. TGA”层进行效果演示。

（5）调节 Gradient Placement（分布方式）为 Stretch Gradient to Fit（拉伸适合屏幕），如图 8-54 所示。

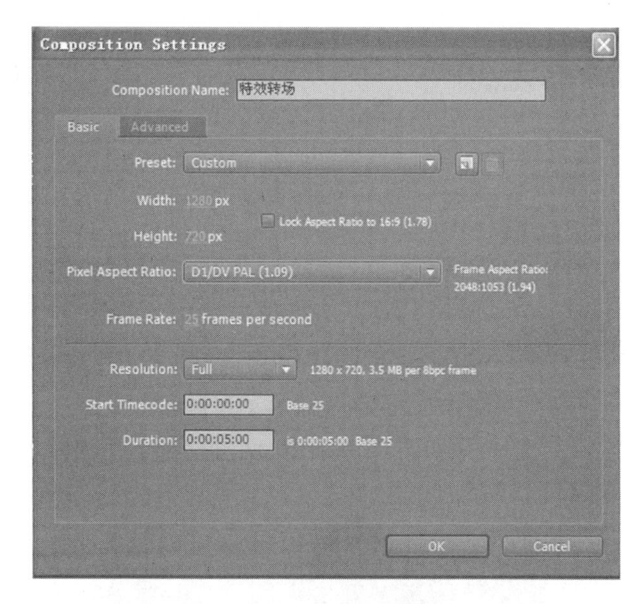

图 8-51　新建合成

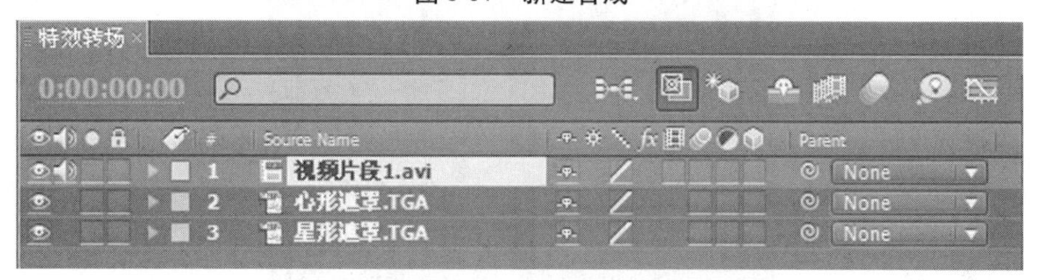

图 8-52　时间轴视窗

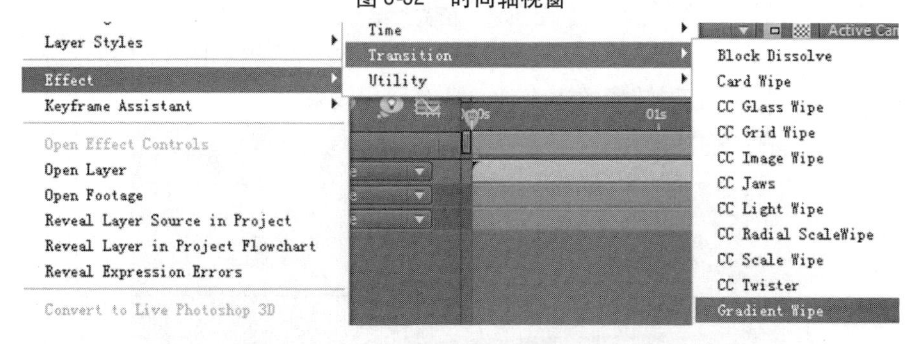

图 8-53　执行 Gradient Wipe（渐变擦除）命令

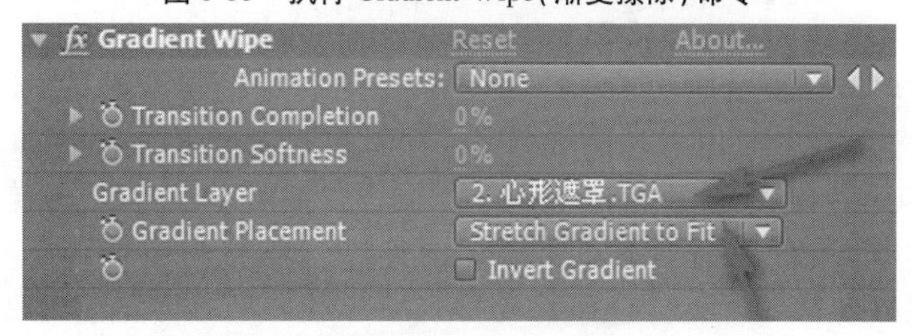

图 8-54　Gradient Wipe 属性面板

(6)调节 Transition Completion(转场完成程度)为 50%,观看预览效果,其特效属性面板上的参数设置如图 8-55 所示。

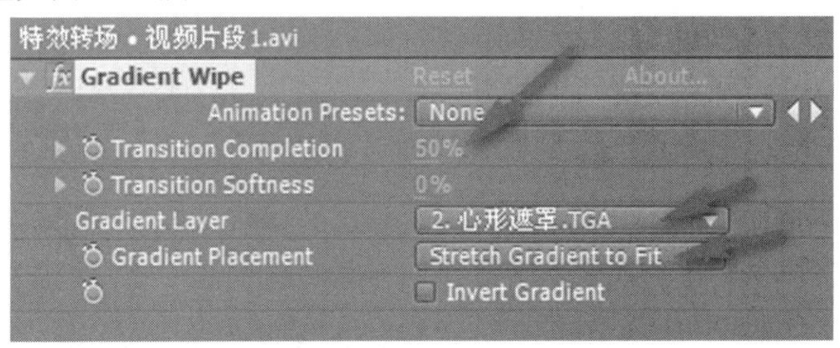

图 8-55 Gradient Wipe 属性面板

调节完上述参数后,预览效果如图 8-56 所示,两段素材之间的转场效果依然可见,但是心形的边缘过于清晰,下面继续调整。

图 8-56 预览效果

(7)调节 Transition Softness(转场柔和度)为 15%,参数设置如图 8-57 所示,预览效果如图 8-58 所示。此时,心形转场的边缘已经具有羽化效果。

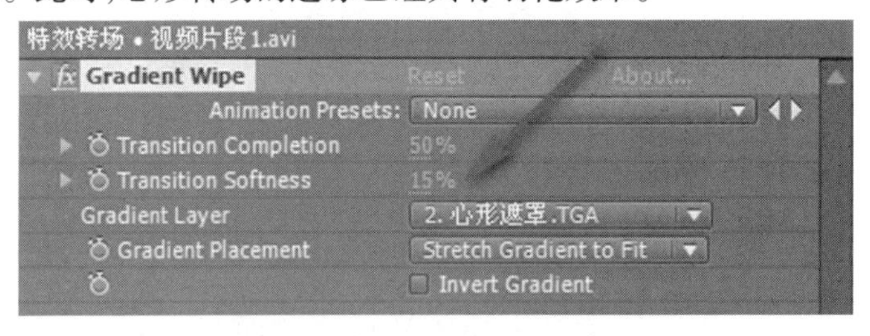

图 8-57 Gradient Wipe 属性面板

(8)下面在时间轴视窗中为转场特效设置动画,转场开始设置 Transition Completion 为 100%,显示完全为背景,在转场区域结束位置设置 Transition Completion 为 0%,并在时间轴视窗中打点记录为关键帧动画。时间轴动画设置如图 8-59 所示,预览效果如图 8-60 所示。

(9)下面接着运用 Gradient Wipe 转场特效进行进一步的特效转场效果的制作。首先,新建一个合成影像作为遮罩应用。按 Ctrl + N 组合键,新建一个 Composition(合成影像),命名为“遮罩”,影像大小设置为 150 px × 150 px,制式设定为 PAL D1/DV,比率设置

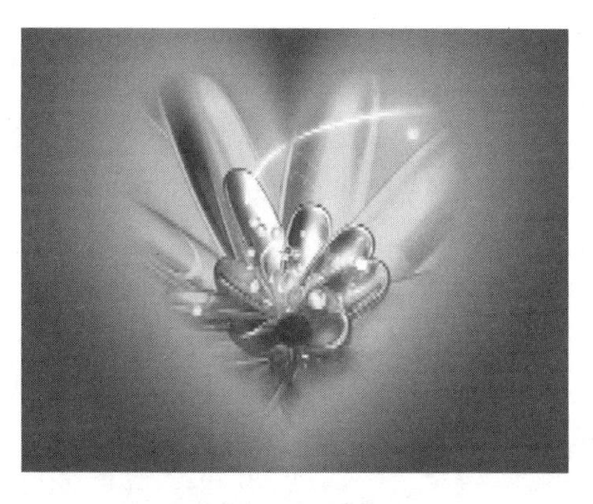

图 8-58　预览效果

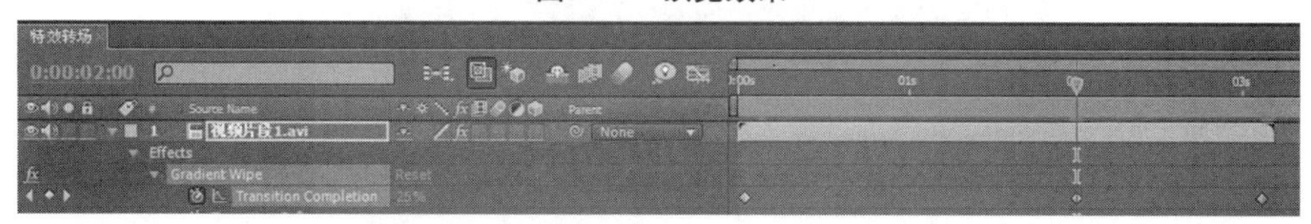

图 8-59　设置 Transition Completion 动画

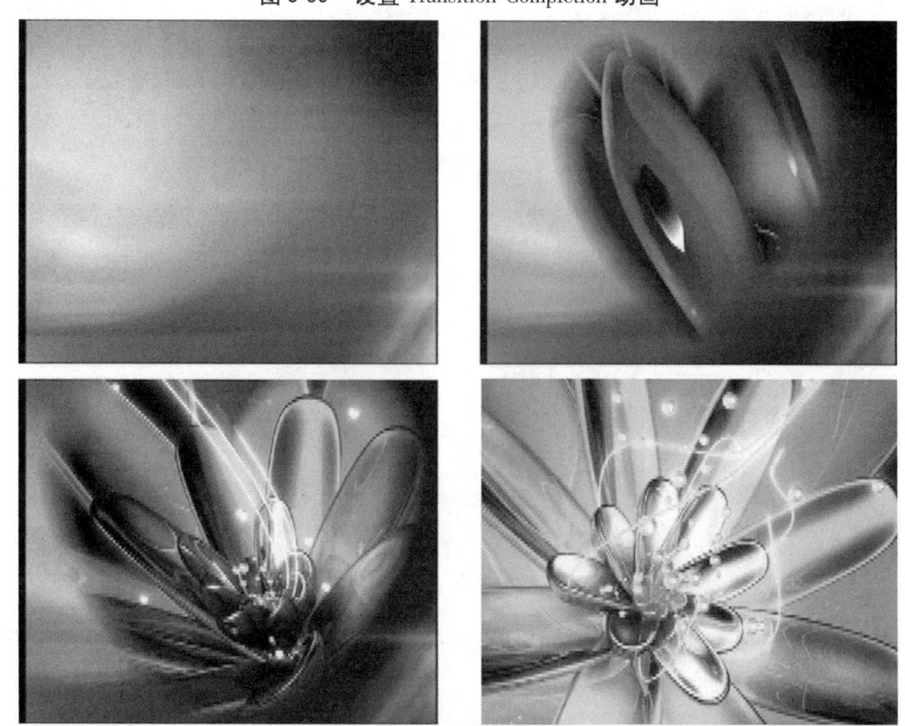

图 8-60　预览效果

为 D1/DV PAL(1.0)，时间长度设置为 5 秒，如图 8-61 所示。

(10)将“星形遮罩.TGA”拖至时间轴视窗中，选该层后，展开该层的 Transform 属性面板，将 Scale 项调节至 20.8%，26.7%，从而将星形遮罩的大小与刚才新建的“遮罩”合成影像相适应。时间轴视窗参数设置如图 8-62 所示，预览效果如图 8-63 所示。

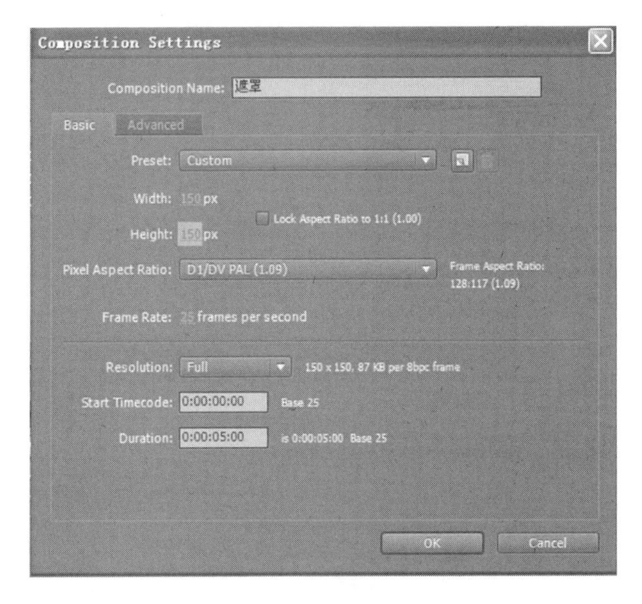

图 8-61 新建合成“遮罩”

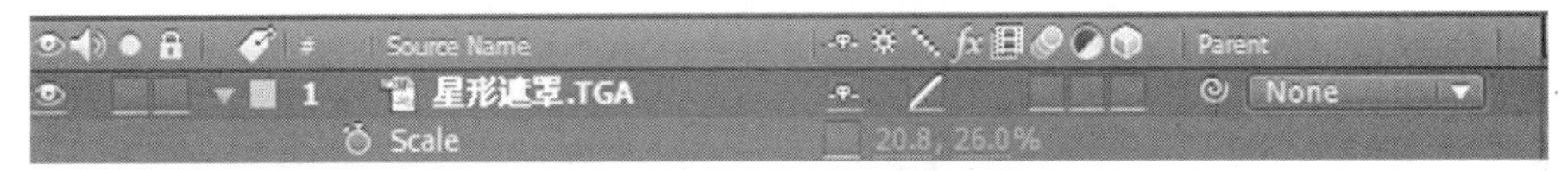

图 8-62 时间轴视窗参数

图 8-63 预览效果

(11)在特效转场合成影像的时间轴视窗中,将刚才制作的“遮罩”合成影像拖至特效转场时间轴上,关闭显示,如图 8-64 所示。

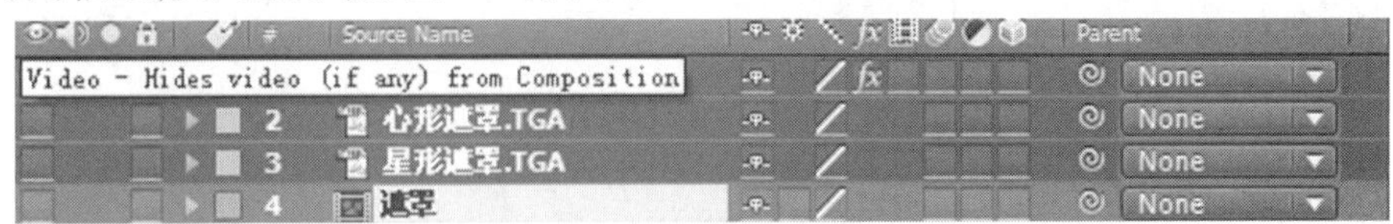

图 8-64 时间轴视窗

(12)在 Effect Control(特效控制)窗口中的 Gradient Wipe 属性面板,调节 Transition

Completion 值为 71%，Transition Softness 值为 15%，如图 8-65 所示。

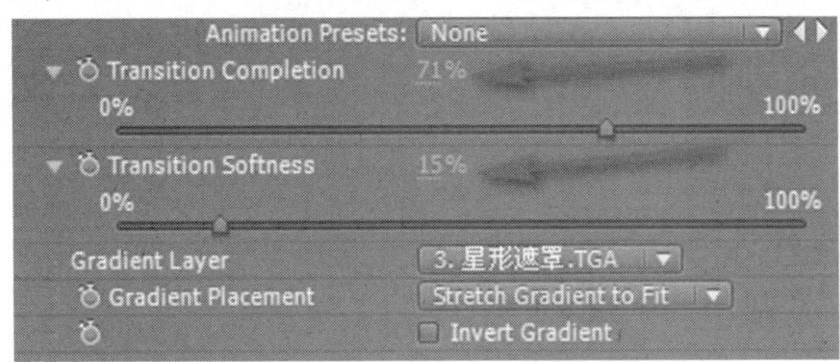

图 8-65 Gradient Wipe 属性面板

（13）现在将 Gradient Layer 层设为“遮罩”层，如图 8-66 所示。

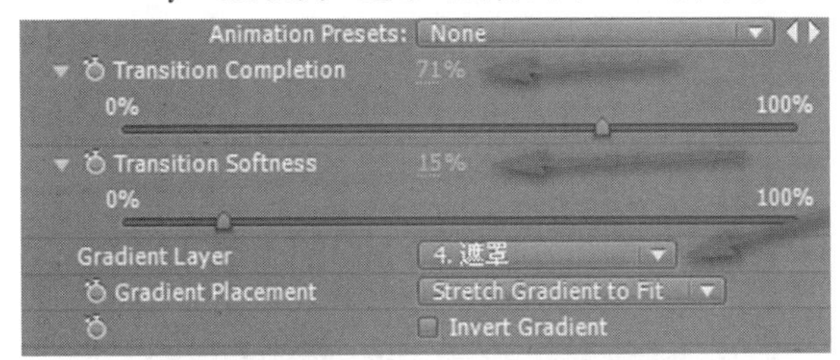

图 8-66 Gradient Wipe 属性面板

进行上述调节之后，预览效果如图 8-67 所示。其与使用“星形遮罩. TGA”作为过渡遮罩层的效果是一样的。

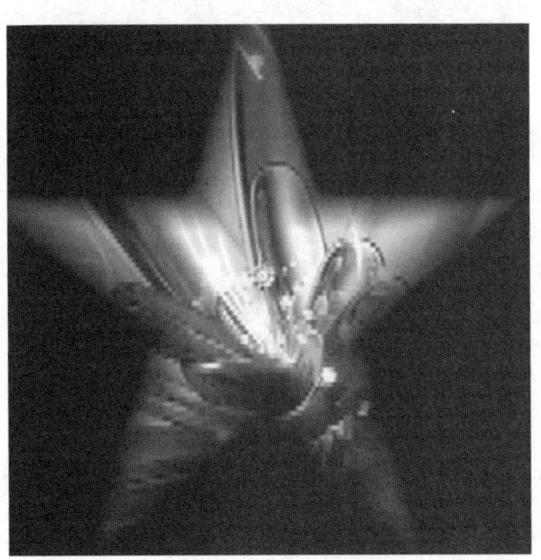

图 8-67 预览效果

（14）现在将 Gradient Placement（分布方式）设置为 Tile Gradient（平铺）分布方式，如图 8-68 所示，预览效果如图 8-69 所示。

（15）下面在时间轴视窗中为刚刚制作的转场特效设置动画，动画设置方式与上面的设置方式相同。时间轴动画设置如图 8-70 所示，预览效果如图 8-71 所示。

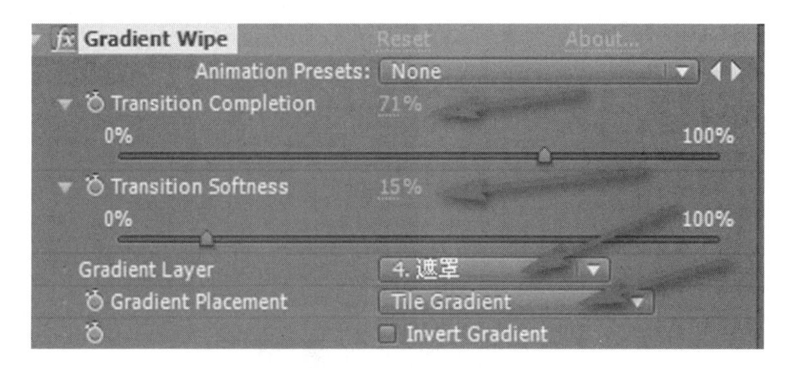

图 8-68 Gradient Wipe 属性面板

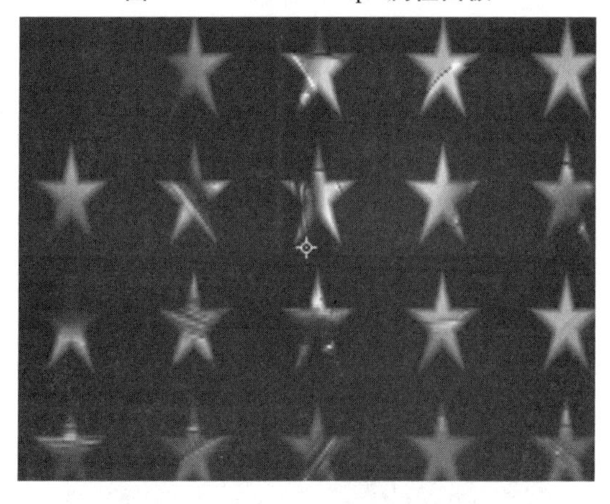

图 8-69 预览效果

图 8-70 设置动画

技巧提示	本任务通过两个场景之间的特效转场效果制作，展示了 After Effects 内置的转场特效的强大功能，并通过 Gradient Wipe 转场过渡特效的应用，具体讲解了 After Effects 中内置的转场特效的添加方式、调整方法、参数设置及转场动画制作等知识。这些知识和应用流程适用于 After Effects 中所有的转场特效的应用。在学习本任务实例的过程中，建议读者不要局限于本任务实例所用的转场特效，要逐一尝试 After Effects 内置的各种转场特效的使用和调节，再结合本任务实例的讲解，从实践中总结转场特效的应用技巧。After Effects 内置的各种转场特效之间可以相互结合应用于同一段转场中，在学习过程中，可以结合 After Effects 时间轴动画与其他的效果进行深入的学习和思考。

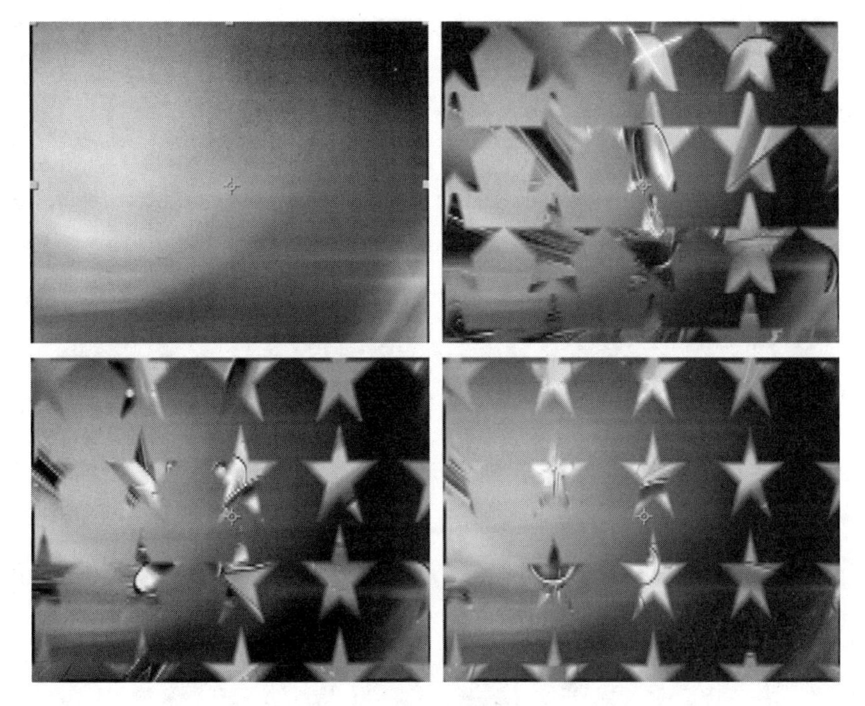

图 8-71　预览效果

任务三　粒子转场应用实例

本任务制作完成后的预览效果如图 8-72 所示。

一、制作过程分析

选取两个视频片段，前期通过 3ds max 等软件制作粒子从左到右划过屏幕的粒子特效素材片段，调整时间轴视窗中粒子素材与转场过渡素材的混合模式，配合 After Effects 内置的 Transition 中的 Linear Wipe 对两段视频进行粒子和线性划过的组合转场过渡效果制作。

制作过程为：

(1)素材制作和准备。选取两段动态素材，叠加放置于时间轴上，通过 3ds max 等粒子制作工具制作粒子从左到右划过屏幕的粒子特效素材片段。

(2)时间轴视窗调节。在时间轴视窗中调整粒子素材与转场素材的层混合模式为 Screen (屏幕)模式。

(3)Linear Wipe 特效的添加、参数调整和动画制作。执行 Effect(特效)→Transition(转场)→Linear Wipe(线性擦除)命令，为素材添加 Linear Wipe(线性擦除)特效，调整参数并在时间轴视窗中设置动画。

(4)进一步调整 Gradient Wipe(渐变擦除)特效参数，制作随粒子划过且平缓划出的线性擦除效果。

图 8-72　粒子转场应用实例

二、详细步骤

(1)按 Ctrl + N 组合键,新建一个 Composition(合成影像),命名为“粒子转场效果”,制式设定为 PAL D1/DV,比率设置为 D1/DV PAL(1.09),时间长度设置为 5 秒,如图 8-73所示。前期制作的粒子动画截图如图 8-74 所示。其应用的两段素材如图 8-75 所示。

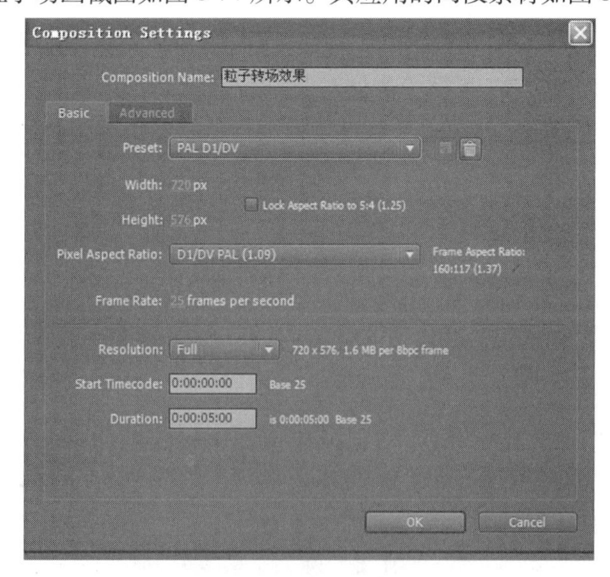

图 8-73　新建合成影像

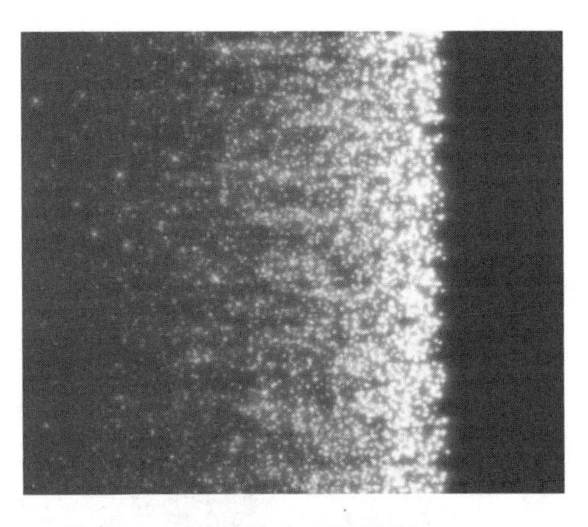

图 8-74 粒子素材

图 8-75 视频素材

(2)将视频素材和粒子动画素材拖放至时间轴视窗中,层级关系如图 8-76 所示。此时,合成窗口只能预览到最上面一层粒子层的效果,其预览效果如图 8-77 所示。

#	Source Name	Mode	T	TrkMat	Parent
1	粒子.avi	Screen			None
2	BHD_{001-350}.JPG	Normal		None	None
3	视频片段2.avi	Normal		None	None

图 8-76 层级关系

(3)在时间轴视窗中,单击"粒子. avi"层,将其选中并修改该层的 Mode 为 Screen(屏幕)模式后,预览效果如图 8-78 所示。

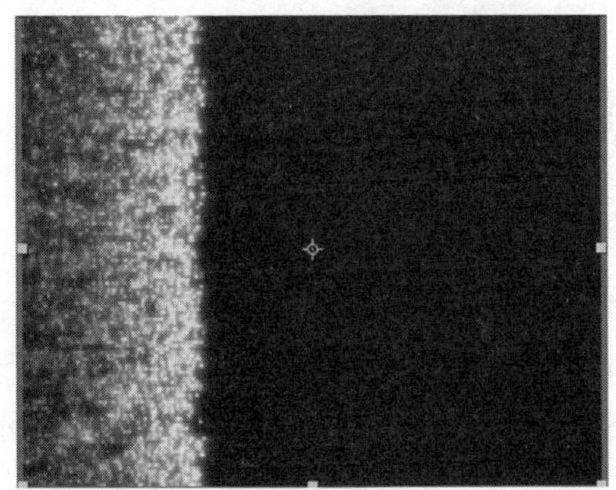

图 8-77 未加层模式前

图 8-78 加入层 Screen 模式后

(4)至此,粒子动画与场景的合成已经完成。下面运用线性擦除特效,制作随着粒子擦除的线性擦除转场。

(5)选择"BHD_[011 - 350].JPG"层,执行 Effect(特效)→Transition(转场)→Linear Wipe(线性擦除)命令,如图 8-79 所示,为素材添加 Linear Wipe(线性擦除)特效。

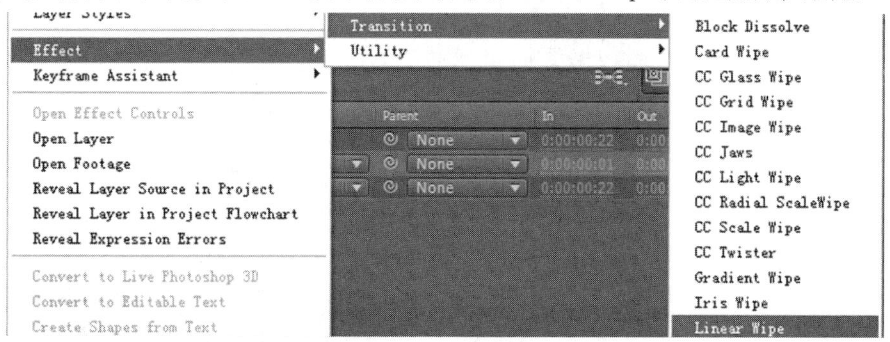

图 8-79 Linear Wipe(线性擦除)特效

(6)在"BHD_[011 - 350].JPG"层的 Linear Wipe 参数设置窗口中,将 Transition Completion 值设置为 50%,即擦除一般,如图 8-80 所示。此时,预览效果如图 8-81 所示。

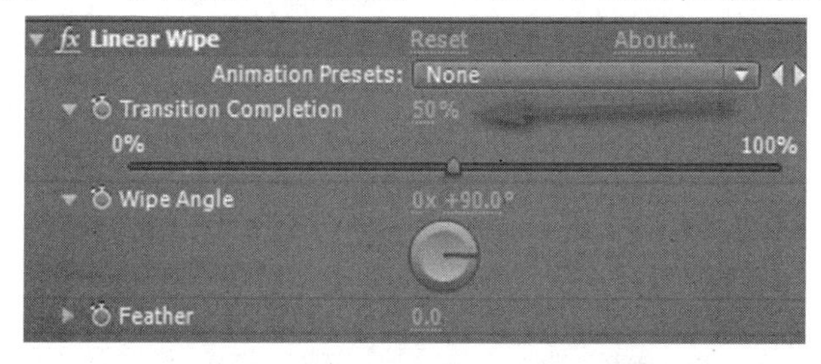

图 8-80 设置 Transition Complete 值

图 8-81 预览效果

(7)在"BHD_[011 - 350].JPG"层的 Linear Wipe 参数设置窗口中,将 Feather 值设置为 150.0,作用是使擦出边缘更加柔和,如图 8-82 所示。此时,预览效果如图 8-83 所示。

(8)结合时间轴视窗,设置擦除完成动画,在"BHD_[011 - 350].JPG"层的 Linear Wipe 参数设置窗口中,配合时间轴,设置擦除从 0% ~100% 的动画,时间轴关键帧设置如图 8-84 所示。本任务实例最终完成,其预览效果如图 8-85 所示。

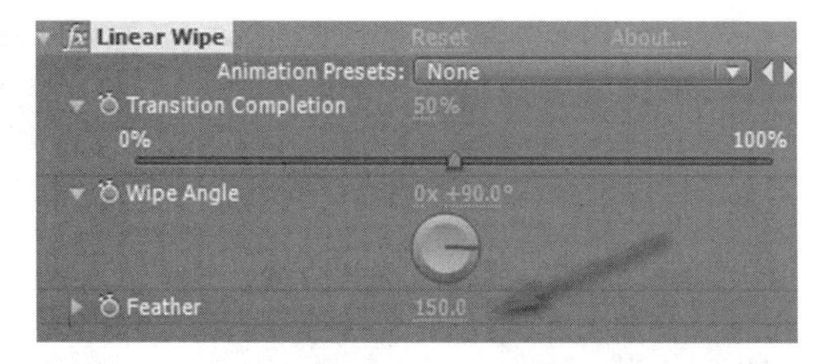

图 8-82　Linear Wipe 参数设置

图 8-83　预览效果

图 8-84　设置动画

技巧提示	本任务通过粒子转场特效的制作，讲解了 After Effects 中各种转场特效结合应用的方法，并且对运用粒子素材进行转场的方法进行了详细的讲解。每一项工作的完成不是单独依靠某个功能实现的，转场效果制作更是如此。通过本任务实例的学习，建立起整合应用各种转场方法进行综合转场效果的概念，从而对转场效果综合应用有一个理性的认识。学习综合转场效果制作的思路和方法，要结合具体的实例，在学习本任务讲解的粒子转场和线性擦除转场的基础上，可尝试着其他形式的粒子和其余的转场特效结合应用的方法。

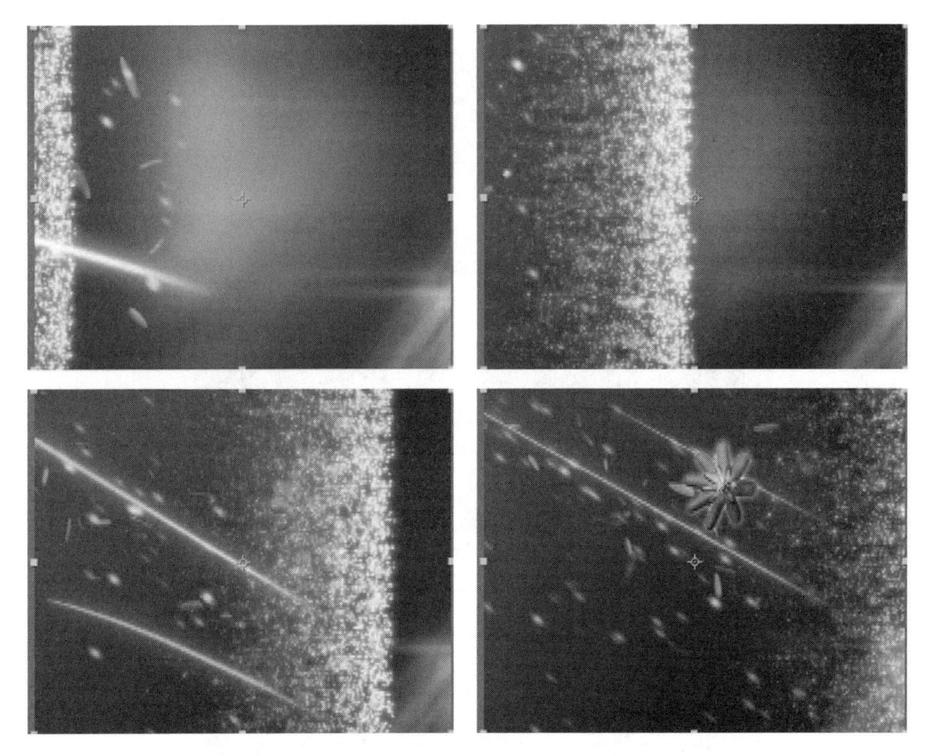

图 8-85 预览效果

本项目小结

本项目主要通过实例制作介绍了几种基本的转场过渡方式,包括时间轴动画转场、Gradient Wipe 特效转场、粒子和 Linear Wipe 转场,这些转场过渡方式直接影响作品的最终效果。

转场过渡是建筑动画后期制作中的重要环节,在后期编辑的过程中,要根据情况、节奏和意境等对转场过渡方式进行恰当的选择。

习　题

一、填空题

1. ________和________都属于划变的一种方式,是影视片头及影视编辑工作中常用的转场过渡方式。

2. X 淡变具有________、________、________的特点。

3. 粒子转场效果分为两个部分进行制作,分别是“文字组成”和“________”两个部分。

4. 粒子转场效果具体的制作步骤如下:(1) 文字动画制作;(2) ________;(3)________;(4)散开贴图制作;(5)________;(6)背景效果制作。

5. ________转场特效是制作玻璃状转场效果的特效。通过________转场特效属性面板，可以调整转场的完成进度、进行转场的层，以及柔化程度和置换数量等参数。

6. ________转场特效是制作射线转场效果的特效，通过________转场特效属性面板可以调整转场的完成度、________、擦除中心，以及________等参数。

二、选择题

1. 在 After Effects 的转场(Transitions)特效菜单中，可以提供(　　)种转场方式。

A. 4　　B. 5　　C. 6　　D. 7

项目九 抠像技巧

【学习要点】

了解什么是抠像

了解 After Effects CS4 抠像技巧

任务一 抠像基础

一、什么是抠像

在数字特技的技术产生之前，大部分影片的特技是以实景或微缩景观进行拍摄的。那时候，特技演员需要在危险的环境中做各种危险动作，而实景或微缩景观的制作也耗费大量的金钱。例如史诗大片《宾虚》，重建罗马的赛马场投资巨大。而现在，利用 CG（Computer Graphics，计算机图形学）技术在角斗士中重现的罗马竞技场，场面恢弘有过之而无不及，投资却低了很多，而且旧技术的微缩景观拍摄和新技术的 CG 制作，逼真程度也是有所不及的。星球大战 4、5、6 集利用了全新的 CG 制作技术，效果自然和 20 世纪 60 年代利用微缩模型拍摄的 1、2、3 集不可同日而语。

不管是旧的模型或新的 CG，都面临着如何将演员与拍摄的景物结合在一起的问题。在 20 世纪 30 年代的经典影片《金刚》中，我们可以看到古老的合成技术。导演先将景物拍摄一遍，然后将拍摄的电影投影在幕布上，再让演员在幕布前表演重新拍摄来得到最终完成的影片。从这样古老的合成技术，经过短短几十年的发展，现在，演员合成在 CG 场景中的技术已经极为成熟。蓝绿屏抠像的使用、摄像机追踪技术的应用、动作捕捉技术的成熟等，这些高精尖技术构成了当今的数字电影技术。下面就来看看在电影、电视中最常用到的蓝绿屏抠像技术。

在进行合成时，我们经常需要将不同的对象合成到一个场景中去。使用 Alpha 通道可以完成合成工作。但是，在实际工作中，能够仅仅使用 Alpha 通道进行合成的影片少之又少。例如，需要将一个演员放置在一个计算机制作的场景中时，是无法使用 Alpha 通道的，因为摄像机是无法产生 Alpha 通道的。当然，也可以在素材中建立遮罩，但对于一部非常复杂的影片来说，使用遮罩是一件非常吃力的事情，需要对影片的每帧绘制遮罩。

一般情况下，我们选择蓝色或绿色背景进行拍摄。演员在蓝背景或绿背景前进行表演，然后将拍摄的素材数字化，并且使用抠像技术，将背景颜色变透明。After Effects 产生一个 Alpha 通道识别图像中的透明度信息，然后与计算机制作的场景或其他场景素材进行叠加合成。之所以使用蓝色或绿色，是因为人的身体不含这两种颜色。

二、抠像应该注意的问题

素材质量的好坏直接关系到抠像效果，光线对于抠像素材是至关重要的，这需要在前期拍摄时就非常重视如何布光。应确保拍摄素材达到最好的色彩还原度，在使用有色背景时，最好使用标准的纯蓝色（PANTONE2635）或纯绿色（PANTON354）。有许多专业生产抠像设备的厂商，它们提供最好的抠像色漆，如 ULTIMATTE。

在将拍摄的素材进行数字化时，必须注意到，要尽可能地保持素材的精度。在有可能的情况下，最好使用无损压缩，因为细微的颜色损失将会导致抠像效果的巨大差异。

除必须具备高精度的素材外，一个功能强大的抠像工具也是完美抠像效果的先决条件。After Effects 提供了最优质的抠像技术。例如集成在 After Effects CS4 中的 Keylight，可以轻易地剔除影片中的背景，对于阴影、半透明等效果，都可以完美地再现出来。

抠像可以分为前景和背景，其中，前景是需要将其中某些区域变为透明或半透明的图层，背景为透过前景透明部分的图层。

通常情况下，如果要对在均匀背景下拍摄的镜头进行抠像，可以只对一帧画面进行抠像，不需要制作关键帧，这帧尽量选取镜头中最复杂的帧，诸如头发丝、烟雾、玻璃等需要表现细腻的物体或半透明的物体尽量在这一帧中能得到体现。当这一帧抠像完成后，其余帧由于没有这帧复杂，所以都应能较好地达到抠像效果。

如果拍摄时灯光或背景有变化，在抠像中也可以使用关键帧，即在每种光效下对最复杂的帧进行抠像，但是在设置关键帧时需要注意，必须在同一种光效下使用同种抠像效果，即在光效开始和结束的位置均设置关键帧，尽量不要让 After Effect 自动进行插补，否则可能需要逐帧检验抠像的效果。

任务二　Color Difference Key

影片的分镜头经常使用 Color Difference Key 来进行抠像操作，不同的素材使用不同的抠像方式，可能会有不同的效果。所以，在抠像时，可根据素材的特点，多试几种方式，以得到最佳的效果。

（1）在 Project 窗口中单击鼠标右键，选择菜单命令 Import→Multiple Files。选择素材。

（2）以素材“Scence 1”产生一个合成。

（3）选择素材“Bluea”加入合成，并放在层“Scence”上方，将两个层分别命名为“男性”和“场景 A”，将合成改名为“分镜头 A”。

（4）为素材做分离场的操作，在 Project 窗口中选择素材“Bluea”，按 Ctrl + F 键，在弹出的对话框中选择 Separate Fields 下拉列表的 Upper Field First 项。

（5）用右键单击层“男性”，选择菜单命令 Effect→Keying→Color Difference Key，为其添加抠像操作，特效控制对话框中显示特技调整参数。如图 9-1 所示。

图 9-1　添加抠像操作

(6)在特效控制面板的 Color Space 下拉列表中选择 YUV,根据影片的亮度和色差信号进行抠像。

(7)选择工具,在 Comp 窗口或缩略图中单击,如图 9-2 所示。

图 9-2　吸取需要透明的颜色

(8)可以看到,选中的蓝色区域被键出透明,透出下方的背景,如图 9-3 所示。但是还有一大部分色域没有透明。

(9)系统仅将选定的颜色键出,其他颜色仍然存在。选择工具,在 Comp 窗口或缩略图中单击需要透明的颜色,增加颜色的范围,重复单击,将所有需要透明的颜色键出。如果是在缩略图中选择颜色,可以控住鼠标左键,拖动光标,吸取需要键出的其他颜色,如图 9-4 所示。在键出颜色时,经常会键出与颜色相近的其他颜色,这些颜色是不需要被键出的。此时,我们需要对误被键出的颜色进行返还。选择工具,在 Comp 窗口或缩略图中单击不需要透明的颜色,减小颜色的范围。

(10)通过参数调整抠像细节。首先拖动时间指示器观察影片效果,可以看到,在 1 秒 11 帧的位置,腿部反射的蓝色也透明了,如图 9-5 所示。下面需要将这部分颜色还原回来。

图 9-3　选中的蓝色区域被键出透明

图 9-4　键出所有需要透明的颜色

图 9-5　腿部反射的蓝色透明了

(11)将 Fuzziness 参数设为 28,增加边缘不透明度。然后调整 Max(b,V,B)参数到 80,如图 9-6 所示。腿部蓝色被还原,但是周围背景的蓝色增加了。

(12)使用蒙版控制工具,对蒙版进行收缩,在特效控制面板中单击右键,选择 Effect→Matte→Simple Choker。

(13)Simple Choker 对遮罩边进行细微调整以产生清晰的遮罩,Choke Matte 参数栏可调节堵塞量。负值扩展遮罩,正值收缩遮罩,取值范围为 -100 ~ 100,这里将其设为 1,如图 9-7 所示。模特边缘的蓝色基本被清除。

(14)将时间指示器移动到影片的开始,发现又出了问题,由于 Color Range 特效的 Max(b,V,B)参数被减小,所以头部的蓝色也变多了。这里有必要做一个关键帧动画,在

图 9-6 腿部蓝色被还原

图 9-7 模特边缘的蓝色被清除

不同时间段使用不同抠像参数。

(15)在 2 秒 11 帧位置激活 Max(b,V,B)参数的关键帧记录器,接下来在影片开始位置将该参数设为 99。

(16)选择两个关键帧,单击右键,选择 Toggle Hold Keyframe,转换为 Hold 关键帧。

(17)最后我们对身体边缘残留的蓝色进行色彩抑止。在特效控制面板中单击鼠标右键,选择 Effect→Keying→Spill Suppressor 特效。可以看到,影片中的蓝色被抑止了。

(18)建立垃圾遮罩,将旁边的照灯和没有抠净的地方去除。选中层"男性",在工具栏中选择工具,沿着演员边缘创建一个遮罩,将周围的杂物遮蔽,如图 9-8 所示。播放动画,观看遮罩状态,如果有没有遮蔽或过分遮蔽的地方,激活动画记录器,调整遮罩形状,为遮罩设定动画。

(19)选中层"男性",按 Ctrl + D 键复制一个层,将其命名为"反射",并将其拖动放在层"男性"下方。

(20)在 Transform 栏中修改层"反射"的 Y 轴 Scale 属性为 -55,注意打断长宽比链接。垂直向下拖动该层到两脚相接的位置,将其层模式设为 Add,并将 Opacity 参数设为 60%,效果如图 9-9 所示。

(21)将时间指示器移动到 2 秒 18 帧,即演员站立的位置,注意倒影和脚的位置。为层"反射"的 Position 属性创建一个关键帧。将时间指示器移动至 1 秒 16 帧左右位置,即演员完全走出的位置,垂直拖动层"Reflect"到演员脚的位置。

(22)分镜头 1 制作完毕,接下来制作第二个分镜头。

图 9-8　创建遮罩

图 9-9　反射效果

任务三　Keylight

下面制作第二个分镜头。本任务将有两个素材需要进行抠像,这次我们使用 Keylight 来进行抠像。

对于一些比较复杂的场景,例如玻璃的反射、半透明的流水等,如果用前面学习的各种抠像方式,可能无法达到满意的效果。在以前,After Effects 主要依赖一些第三方插件来完成上述工件,例如有名的抠像软件 Primatte、Ultimatte 等。现在,Adobe 在 After Effects CS4 中集成了强大的 Keylight 工具,这是个屡获殊荣的专业抠像工具。

(1)继续上面的工作项目,新建一个合成。在 Project 窗口中选择素材"Blue B"来产生一个合成,并命名为"分镜头 B"。

(2)在 Project 窗口中选择素材"Scence 3. jpg",将其加入合成"分镜头 B",并放在层"Blue B"下方。

(3)分别将两个层改名为"女性"和"场景 B"。

(4)用右键单击层"女性",选择菜单命令 Effect→Keying→Keylight,在特效控制面板中选择 Keylight 特效,如图 9-11 所示。

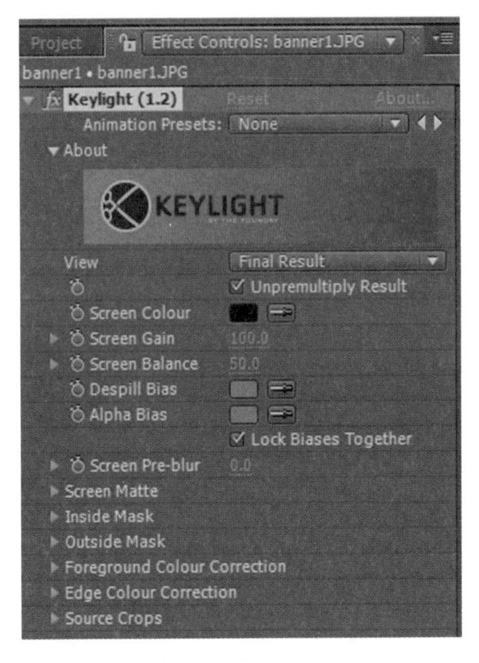

图 9-10　特效控制面板

(5)在 Screen Color 栏中选择滴管工具 ，在 Comp 窗口的蓝色部分单击，吸取键击颜色，如图 9-11 所示。

图 9-11　吸取键击颜色

(6)在 View 下拉列表中选择 Combined Matte，以蒙版方式显示图像，这样更有助于观察抠像的细节效果。如图 9-12 所示，在键击蓝色后产生的 Alpha 通道中，黑色表示透明的区域，白色表示不透明区域，灰色则根据深浅表示半透明。

(7)观察抠像蒙版可以发现，人物身上的灰色是透明的区域，这些地方不该是透明的，而背景中本该完全透明的地方也只是半透明化了，所以还需要进一步调整。

(8)调高 Screen Gain 参数至 115 左右。设参数控制抠像时有多少颜色被移除产生蒙版。数值比较高的时候，会有更多的区域被透明。而 Screen Balance 则控制色调的均衡，将其设为 45，在 View 下拉列表中选择 Final Result，对比蒙版和最终效果。

图 9-12　蒙版方式显示的图像

(9)为 Screen Pre - blur 设定一个较小的模糊值,可以对抠像的边缘产生柔化的效果,这样可让抠像的前景同背景融合得更好一点。如图 9-13 所示为调整前后的效果对比,左图为未设置 blur 的效果。注意凡是柔化的调整数值都不宜过高,以免损失细节。

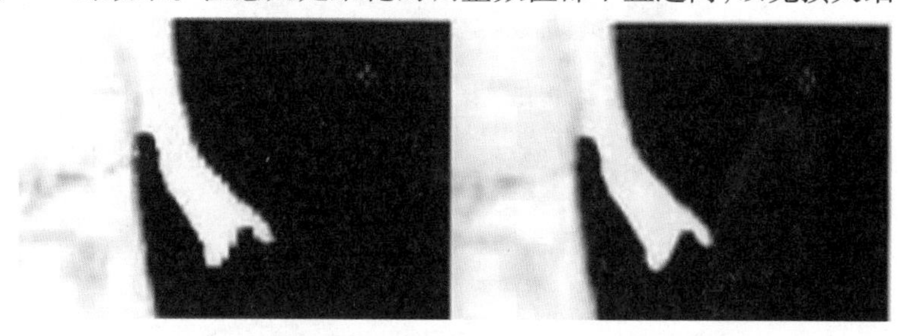

图 9-13　调整前后的效果对比

(10)展开 Screen Matte,对蒙版进行调整。将 Clip White 数调小至 80,可以看到,人物身体上不该被键去的颜色被还原回来了。调整 Clip Black 至 50,背景上多余的颜色被去除,如图 9-14 所示。

图 9-14　调整蒙版

(11)将 Screen Softness 设为0.1,让抠像边缘柔和些,抠像基本完成。

(12)建立垃圾遮罩,将旁边的照灯和没有抠净的地方去。选中层“女性”,在工具栏中选择工具,沿着演员边缘创建一个遮罩。将周围的杂物遮蔽,如图9-15所示。播放动画,观看遮罩状态。

图9-15 建立垃圾遮罩

(13)选择层“女性”,将其缩小到65%,并移动到如图9-16所示的位置。

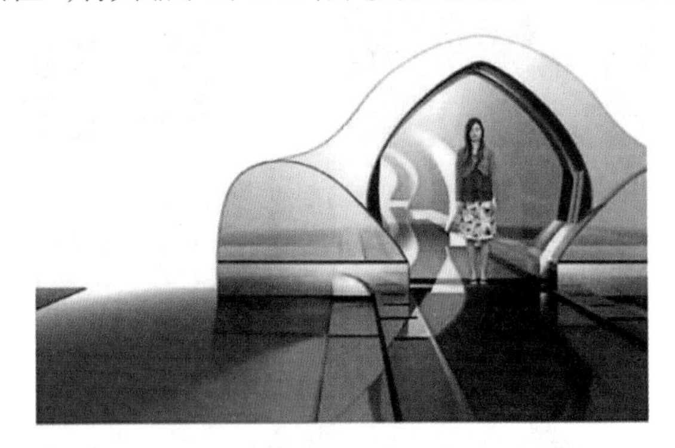

图9-16 移动图层

(14)人物在进入场景时,会随着穿越水墙的动作产生涟漪。下面对通道的玻璃门制作涟漪效果。首先建立水墙效果,这需要制作一个水波纹理的明暗图,在此基础上,应用特效,使屏幕变成彩色的水波图形。

(15)按住 Ctrl + Y 键新建一个 Solid 层,和合成大小相同,设为黑色即可。

(16)选择层“女性”,按 Ctrl + Shift + C 键,以 Move all attributes into the new composition 方式重组。

(17)用右键单击新建 Solid 层,选择菜单 Effect→Simulation→Wave world。

(18)将 View 设置为 Wireframe Preview 模式,将 Simulation 下的 Grid Resolution 设置为100;在 Ground 下的 Ground 中选择重组的“女性”层;Height 设为045;Producer→Amplitude 设为0。

(19)为了得到地面突然上升,冲击水面的效果,对 Ground 下的 Steepness 设置关键帧,在影片开始时,参数为0,到1秒10帧,把参数调为0.16,再到2秒18帧,把强度设为0,按小键盘的0键。如图9-17所示为第1秒16帧水波的图形。

图9-17　第1秒16帧水波图形

(20)设置完成后,将视图切换为 Height Map,查看随水波运动的明暗变化图。

(21)水波运动的灰度图已经制作完毕,接下来制作真正的水波涟漪效果。

(22)新建一个合成大小的 Solid 层,命名为“涟漪”。为其应用特效 Effect→Simulation→Caustics。特效控制对话框中显示调节参数。

(23)在 Bottom 下拉列表中选择场景 B,将 Water Surface 设为制作了水波效果的重组 Solid 层,Wave Height 设为1,Surface Opacity 设为0,Surface Color 设为灰色,Water Depth 设为1,Refractive Index 设为1.5,Light Intensity 设为0,即可看到大屏幕背景图层中的水波效果。水波的位置即为上面所做的波纹位置,如图9-18所示。

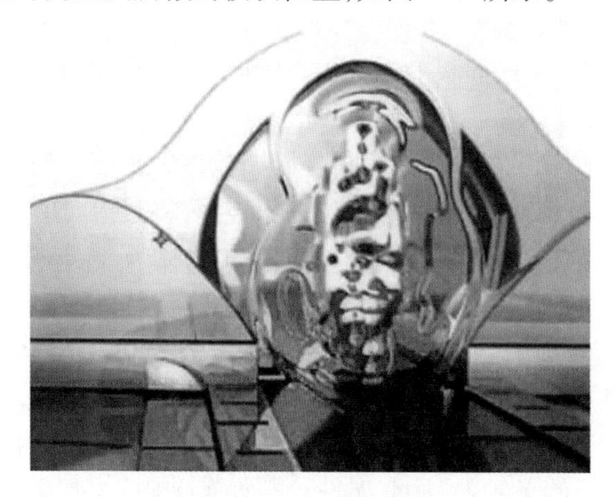

图9-18　水波效果

(24)制作演员从通道中通过水墙走出的效果。在最初的时间内,角色应该在水墙内。选择层“女性 Comp 1”,将时间指示器移动到1秒8帧位置,按 Ctrl + Shift + D 键,将该层截为两段。将“女性2”的入点位置拖动到18帧位置,和层“女性1”重叠,并且移动到层“涟漪”的上方。对水墙内和水墙外的演员分别进行设置。

(25)选择层“女性1”,将其层模式设置为 Add。

(26)设置演员穿过水墙的动画。用右键单击层“女性2”,选择 Effect→Matte→Matte

Choker。在 18 帧的位置,激活 Geometric Softness 1 的关键帧记录器,将其设为 50。

(27)播放影片,可以看到通过设置蒙版收缩的动画,完成了人物从水墙中走出去的效果。可以看到,涟漪效果超出了边界,需要对其进行设定。首先以 Move all attributes into the new composition 方式重组层。

(28)选择工具,在层“背景 B”上沿着通道的玻璃门勾画 Mask。勾画完毕后,选择 Mask,按 Ctrl + X 键,剪切 Mask,选择重组层“涟漪 Comp 1”,按 Ctrl + V 键,粘贴 Mask 即可,效果如图 9-19 所示。

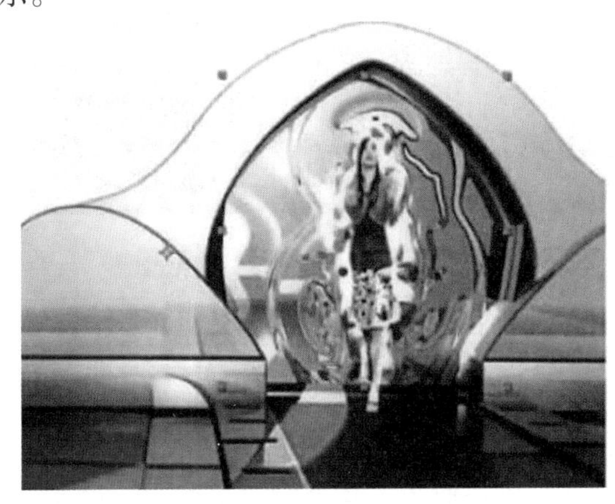

图 9-19　设定边界

(29)制作反射倒影。选择合成中的“女性 1”“女性 2”“涟漪 Comp 1”3 个层,为其建立副本,并分别命名为“内反射”(人物在水墙内)、“外反射”(人物在水墙外)和“水墙反射”,并改变层的排列顺序。

(30)在 Timeline 窗口模式面板上方单击,在弹出的菜单中选择 Columns 下拉列表的 Parent,显示父子关系面板。

(31)将层“水墙反射”设为“内反射”和“外反射”的父物体。在 Parent 面板中,层“内反射”的按钮上按住鼠标左键拖动,会弹出一根连线,将其指向层“水墙反射”。松开鼠标左键后,可以看到该层 Parent 栏中显示当前层的父物体为“水墙反射”。用相同的方法为层“外反射”设置父物体。

(32)选择层“水墙反射”,将其 Scale 属性 *Y* 轴设为 -80,并移动到如图 9-20 所示的反射投影位置,改变其 Mask 形状,使其与原始的投影形状一样。

(33)播放动画可以发现,影子在出水墙的时候出了问题,和人物重叠在一起了。对层“内反射”和“外反射”的 *Y* 轴 Position 属性分别设置动画,使其跟随人物运动。分别将层“内反射”“外反射”“水墙反射”的层模式设为 Add,将前两个层的 Opacity 参数设为 60%,层“水墙”设为 50%。

(34)重组所有层,在 Project 窗口中选择素材“Blue C”,将其导入合成,放在重组层上方,并改名为“特写”。

(35)对新导入的层进行抠像。为层“特写”应用 Keylight 特效。选择 Screen Color 栏的 在蓝色背景上单击,选择需要透明的颜色,如图 9-21 所示。

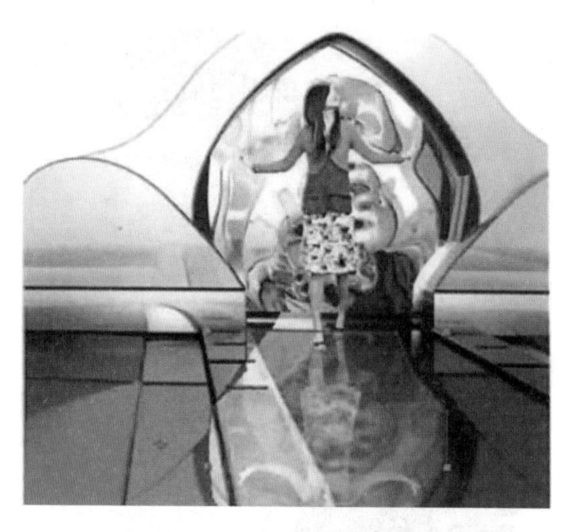

图 9-20 移动层“水墙反射”至反射投影位置

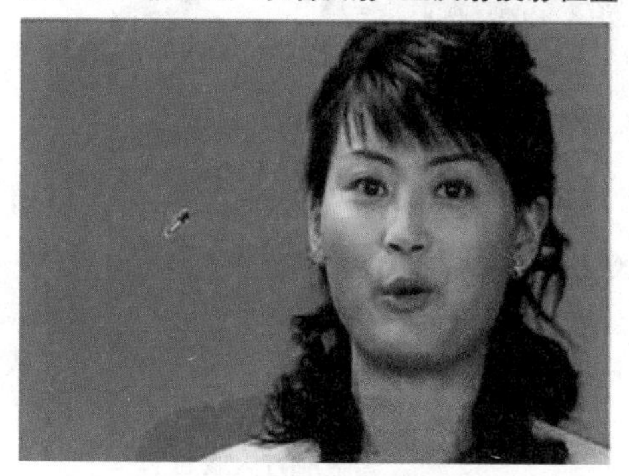

图 9-21 选择需要透明的颜色

(36)在 View 下拉列表中选择 Combined Matte,以蒙版方式观察效果。将 Screen Gain 设为 108,观察 Comp 窗口中的效果,把发丝旁边的多余蓝色变为透明,但是注意不要影响发丝细节;将 Screen Gain 设为 80,让脸上透明的颜色还原回来些。

(37)将 Clip White 参数设为 80,将脸上和头发上透明的地方完全还原回来。将 Screen Shrink\Grow 设为 -2,收缩边缘没有抠干净的颜色。

(38)现在发丝边缘有点太硬了,将 Screen Pre - blur 参数设为 0.5,Screen Softness 参数设为 1,为发丝边缘设置一个柔和过渡,效果如图 9-22 所示。

(39)抠像完成,下面对人物进行简单调色。用右键单击层“特写”,选择菜单命令 Effect→Color Correction→Color Balance。将其 Hilight Blue Balance 参数提高到 50。

现在人物头在右侧,挡住了刚才制作的水墙效果。选择层“特写”,将其 Scale 属性下的 X 轴设为 -100。效果如图 9-23 所示。

(40)最后为影片制作镜头聚焦的效果,以突出不同重点。让镜头聚焦在前方人物面部,背景模糊。通道中的演员走出后,聚焦在其身上,前方人物模糊。用右键单击重组层“Prc - comp 1”,选择菜单命令 Effect→BILU & Sharpen→Fast Blur,激活 Repeat Edge Pixels 选项,将 Radius 设为 8。

(41)将时间指示器移动到 1 秒位置,即演员走出水墙的时间,激活 Radius 参数的关

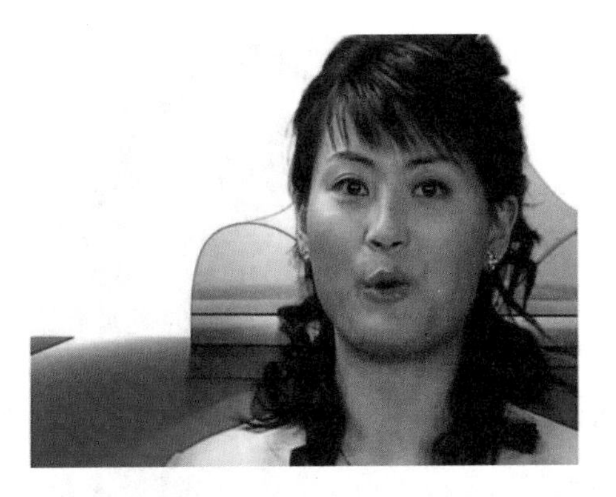

图 9-22　发丝边缘柔和过渡效果

图 9-23　调整前方人物位置

键帧记录器,增加一个关键帧。将时间指示器移动到 1 秒 18 帧位置,将 Radius 参数设为 0,为前景人物设置模糊,为层"特写"应用 Fast Blur 特效。选择 Radius 属性设置动画,在 1 秒 12 帧位置将其设为 0,2 秒 05 帧位置将其设为 8,播放影片,效果如图 9-24 所示。

图 9-24　影片播放效果

本项目小结

本章对电视电影中最常用到的抠像进行了学习。与颜色调节相同,抠像也是个技巧性很强的工作,它需要通过长期的练习积累经验。同时,它在很大程度上依赖于前期拍摄的效果,所以,作为后期特效合成人员,必须与前期拍摄人员紧密协作,发扬团队精神,以制作出最完美的影片。

抠像最重要的是什么？不是工具，也不是抠像技巧，最重要的是素材。良好的布光、高精度的素材，都是保证抠像效果的前提。在这个基础上，就要看我们的工作经验了。

在抠像的过程中，不能只以完成的结果做为抠像的标准，需要结合透明背量和蒙版来进行观察，因为复杂的背景经常会干扰我们的视线。

亲子关系在制作动画的过程中经常用到。还有就是，亲子关系只能影响 Transform 的几个空间属性，虽然不多，但很有用。

习　题

一、简答题

1. 什么是亲子关系？
2. Keylight 有哪些抠像功能？
3. 什么是抠像？

二、填空题

1. 抠像可以分为________和________。
2. 在使用有色背景抠图时，最好用标准的________色或________色背景。
3. ________、________、Keylight 等工具，都是专业抠像工具。

三、选择题

1. Keylight 对(　　)、半透明等效果，都可以表明出来。

   A. 阴影　　B. 重影　　C. 重复　　D. 虚化

2. Cleoke Nlatte 可设置的取值范围是(　　)

   A. 0 ~ 100　　B. －100 ~ 0　　C. －100 ~ 100　　D. －20 ~ 50

项目十 油画等特效的制作

【学习要点】

理解 After Effects CS4 中油画特效制作原理

掌握油画特效的制作方法

任务一 油画概述

要创造类似油画的画面效果,方法很多,After Effects 有很多插件都可以实现这种效果。这里我们介绍一个重量级的插件组——Tinderbox。这是一套运行于多种合成软件的插件,它在业界具有良好的口碑,提供了丰富的图像调整特技,包括了一整套的模糊、变形、艺术化、光效、粒子、纹理等特技。Tinderbox 共有 1、2、3、4 四个版本,注意这四个版本的效果都不尽相同,所以建议读者全都装上。

任务二 油画方法

要制作绘画效果,需要使用 Tinderbox 2 的 T Paint 特效,如图 10-1 所示为原始图片。

图 10-1 原始图片

应用 Effect→Tinderbox 2→T Paint 特效后，会弹出如图 10-2 所示的特效控制对话框。

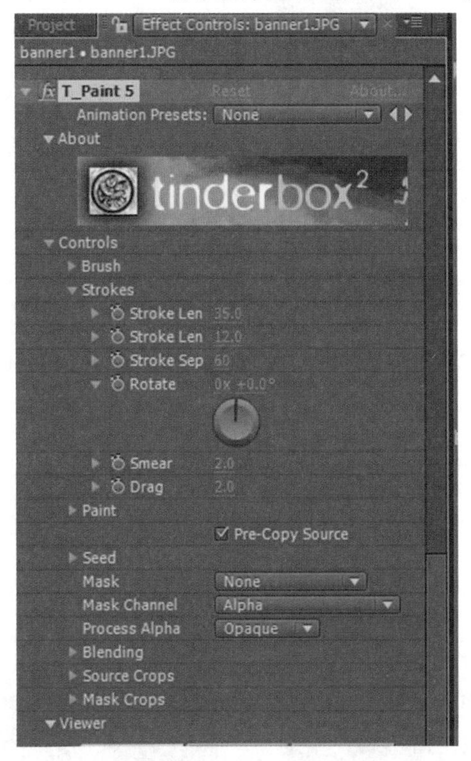

图 10-2　特效控制对话框

在 Process 下拉列表中可以选择应用效果的目标通道，一般情况下，都使用 RGB 通道。

Presets 下拉列表中可以选择预置的绘画效果，下面来看看各种不同的绘画效果。

（1）Scratchy：产生一种比较杂乱、比较碎的笔触效果，如图 10-3 所示。

（2）Water Damage：产生水彩的效果，如图 10-4 所示。

图 10-3　Scratchy

图 10-4　Water Damage

（3）Bad：产生类似干笔涂抹的效果，如图 10-5 所示。

（4）Soift：产生点状笔触的油画效果，如图 10-6 所示。

图 10-5　Bad

图 10-6　Soift

(5)Rushed:产生一种碎笔触的效果,如图 10-7 所示。

在默认情况下,应用 T Paint 特效后,会自动产生类似于凡高画风的油画效果,如图 10-8 所示。

图 10-7　Rushed

图 10-8　应用 T Paint 特效后效果

通过调整参数,可以得到更加复杂的绘画效果。实际上,上面的模板也是不同参数调节组合后的结果。下面我们对各种参数的作用进行学习。

展开 Brush 卷展栏,在这个卷展栏中对笔刷进行设置。分别在 Brush Width Max 和 Min 参数栏中设置笔刷的最大宽度和最小宽度,也就是笔刷首尾的粗细程度,如图 10-9 所示,可以看到,左图中笔刷较大,所以整个画面的笔触也就大,画面更写意;而右图中笔刷小,所以画面比较细腻,轮廓分明。

Softness 参数可以控制笔刷的柔度,如图 10-10 所示。左图柔度高,笔触融合更强烈;而右图则反之。

Strokes 卷展栏用于设置笔触,它控制画面中的笔触长度 Stroke Length Max 和 Min 中分别指定画面中最长的笔触和最短的笔触,如图 10-11 所示。左图中笔触长,右图中则笔触短。

Stroke Separation 参数控制笔触的间隔距离,数值越高,笔触的间隔越大。但这也意味着笔触的数目更多,计算量更大。所以,选择一个合适的笔触间隔是必要的,如图 10-12

图 10-9 不同笔刷粗细画面效果

图 10-10 不同笔刷柔度画面效果

图 10-11 不同笔触画面效果

所示。左图笔触间隔小,密;右图笔触间隔大,疏。

图 10-12 不同笔触间隔距离画面效果

Rotate 参数栏用于旋转笔触,控制笔触方向,Smear 参数则控制笔触的涂抹强度,数值越小,笔触间涂抹混合的效果也就越小。这就好像我们画画时,一笔是一笔,或者是一笔和一笔间涂抹混合的效果,如图 10-13 所示。左图中涂抹效果小,笔触融合效果弱。

图 10-13　不同笔触涂抹强度画面效果

Drag 参数,顾名思义,就是拖,即笔触涂抹拖动的长度。它和 Stroke Length 参数是不同的,就好像我们在绘制好的画面上拿笔抹一下,数值越高,拖拉后笔触也越长,如图 10-14 所示。

图 10-14　不同笔触涂抹拖动长度画面效果

Paint 卷展栏用于对画笔进行控制。Bleed 参数用于对画笔的细节、复杂程度进行控制,如图 10-15 左图所示,设置为 0,笔触细节最多;右图中数值为 100,细节最少。一般情况下,我们设置一个中间数字。因为在 0 和 100 的时候,笔触的对比度最高,类似于干粉画的效果。

Edge Tolerance 参数控制边缘容差。数值越高,图像中受画笔效果影响的范围越广,如图 10-16 所示。左图的数值为 0,画面中的暗部基本不受画笔影响;右图的数值为 100,影响效果最强。

Luminance Variation 参数用于对画面的亮度变化进行设置。数值越高,越细的亮度变化被考虑,表现在画面上,就是画笔的整体效果更复杂,对比更强,如图 10-17 所示,左图中 Luminance Variation 参数较小。

Seed 参数用于对画笔的初始基准效果进行指定。改变参数,我们可以得到一个不同

图 10-15　不同笔触细节画面效果

图 10-16　不同边缘容差画面效果

图 10-17　不同画面亮度变化画面效果

的画笔基准。这些基准没有太大的变化，主要体现在笔触的排列方式等效果上。

Mask Layer Crops 可以指定合成中的一个层作为蒙版使用，和我们学习的其他特效效果类似，这里不再赘述。

通过使用 T Paint 特效，再配合调色等其他特效，完全可以制作出各种不同风格、不同派别的画面效果，如图 10-18 所示。

任务三　水彩画

如果说 T Paint 擅长各种油画效果的话，那么 T Turner 可以说是专长于水彩画的制作了。这个插件在 Tinderbox 3 中，应用 Effect→Tinderbox 3→T Turner 特效后，会弹出特效控制对话框，在对话框中可以进行参数调节。

图 10-18 应用 T Paint 特效后效果

Cleanness 参数数值越高,则图像中的杂色就越少,如图 10-19 所示。左图中 Cleanness 参数较低,杂色较多,效果类似于西洋淡彩画;而右图中杂色少,更接近水彩画的效果。

图 10-19 不同 Cleanness 参数值画面效果

Color Contrast 参数用于控制对比度,数值低,对比弱,效果虚化。而 Lowlights 和 Highlights 参数分别控制画面中亮部和暗部区域的亮度,如图 10-20 所示。在经过简单的参数调节以后,我们得到一幅江南小镇的水彩画卷。

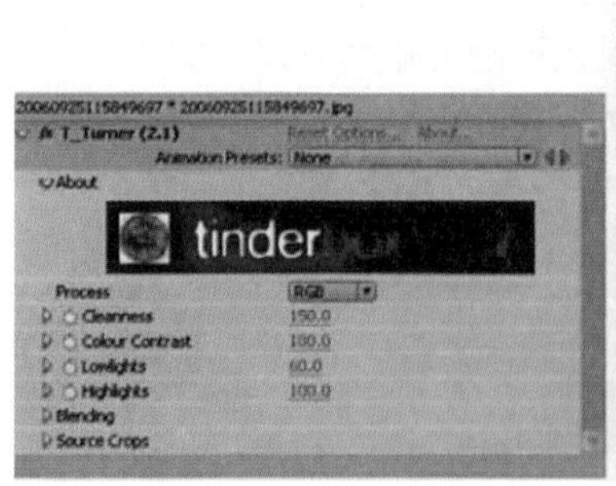

图 10-20 应用 T Turner 特效后效果

任务四　铅笔画

铅笔素描是绘画的基础,也是一种不可或缺的艺术形式。在影视制作中,也经常需要这种效果。Tinderbox 1 的 Etch 特效就是专门用来制作铅笔效果的。应用 Effect→Tinderbox 1→T－Etch 特效后,会弹出特效控制对话框,对铅笔效果进行设置。

铅笔效果分为两个部分:描线(Outlines)和灰阶(Shading)。在 Etch Method 下拉列表中可以选择使用的效果,即可以单独使用其中一部分产生效果,也可以同时使用两部分产生效果。具体情况根据需要来定,两个部分的参数设置是相同的。

展开 Outlines 或 Shading 卷展栏后,首先看到 Edge Threshold 参数,这个参数对图像中的边缘进行查找匹配,以决定有多少内容被计算到效果之内。数值越高,笔触也就越复杂。但是注意,数值太高的话,很多乱七八糟的东西都会出现,反而影响效果,如图 10-21 所示。左图中的 Edge Threshold 参数就较低,画面也比较简单。

图 10-21　不同 Edge Threshold 参数值画面效果

Pen Pressure 参数用于控制笔刷压力。数值越高,笔触越重,如图 10-22 所示,左图的笔刷压力较小。

图 10-22　不同笔刷压力画面效果

Softness 参数用于产生柔化效果,使描线变得平滑,但是它的代价是丢失细节。一般情况下,这个参数不能太高,如图 10-23 所示。左图参数值为 0,右图参数值为 80。

Stroke Length 参数用于控制笔画的长度,如图 10-24 所示。左图中参数值低,因此笔画较短。

图 10-23 不同柔化效果画面效果

图 10-24 不同笔画长度画面效果

Stroke Separation 参数用于控制笔触的间隔距离。数值越高，笔触的间隔越大，如图 10-25 所示，左图笔触间隔比较小。

图 10-25 不同笔触间隔距离画面效果

Seed 参数用于控制特效的基准效果。在 Random Seed Method 下拉列表中可以设置产生铅笔效果的基准形式，如图 10-26 所示。左图使用了 Seed with Frame，更像普通铅笔的效果；而右图使用 Seed with Pixel，更像炭笔效果。

Paper 和 Pen 用于控制纸和笔的颜色，默认为白色和黑色。

Blending 卷展栏用于控制卡通效果和原始素材的融合，默认情况下，不进行融合。在 Method 下拉列表中选择融合所使用的算法，在 Blend 参数栏中调整融合尺度，Effect Gain 和 Source Gain 参数栏分别用于控制融合时卡通效果和原始素材的强度。

图 10-26　特效的基准效果

本项目小结

本项目对不同画笔的特效进行了学习。不同的特效技巧,它需要通过长期的练习积累经验。同时,它在很大程度上依赖于前期拍摄的效果,所以,作为后期特效合成人员,必须与前期拍摄人员紧密协作,发扬团队精神,以制作出最完美的影片。

Tinderboxo 是一套运行于多种合成软件的插件,它具有业界良好的口碑,提供了丰富的图像调整特技。

铅笔素描是绘画的基础,也是一种不可或缺的艺术形式。铅笔效果分为两个部分:描线(Outlines)和灰阶(Shading)。

习　题

一、简答题

1. 铅笔效果分为哪两个部分?
2. 笔刷效果可设置的参数有哪些?
3. 在 brush 卷展栏中,可以对笔刷的哪些参数进行设置?

参考文献

[1] 李涛. Adobe After Effects CS4 高手之路[M]. 北京:人民出版社,2009.
[2] 张纪华. After Effects 完全自学攻略 CS4[M]. 北京:电子工业出版社,2010.
[3] 曹茂鹏,瞿颖健. After Effects CS6 影视后期特效设计与制作[M]. 北京:北京希望电子出版社,2013.
[4] 杨雁,郁陶,李少勇. AFTER EFFECTS CS5 基础教程[M]. 北京:清华大学出版社,2012.
[5] 王琦. Autodesk 3ds Max 2012[M]. 北京:人民邮电出版社,2012.
[6] 邢洪斌. 3ds Max 实战应用宝典[M]. 北京:机械工业出版社,2012.